作物栽培与肥料施用技术研究

余 璐 安艳阳 魏训培◎著

吉林科学技术出版社

图书在版编目（CIP）数据

作物栽培与肥料施用技术研究 / 余璐，安艳阳，魏训培著. -- 长春 : 吉林科学技术出版社，2022.9
ISBN 978-7-5578-9699-7

Ⅰ. ①作… Ⅱ. ①余… ②安… ③魏… Ⅲ. ①作物－栽培技术－研究②施肥－研究 Ⅳ. ①S31②S147.2

中国版本图书馆 CIP 数据核字(2022)第 178076 号

作物栽培与肥料施用技术研究

ZUOWU ZAIPEI YU FEILIAO SHIYONG JISHU YANJIU

作　　者　余　璐　安艳阳　魏训培
出 版 人　宛　霞
责任编辑　金方建
幅面尺寸　185 mm×260mm
开　　本　16
字　　数　291 千字
印　　张　12.75
版　　次　2023 年 5 月第 1 版
印　　次　2023 年 5 月第 1 次印刷

出　　版　吉林科学技术出版社
发　　行　吉林科学技术出版社
地　　址　长春市净月区福祉大路 5788 号
邮　　编　130118
发行部电话/传真　0431-81629529　81629530　81629531
　　81629532　81629533　81629534
储运部电话　0431-86059116
编辑部电话　0431-81629518
印　　刷　北京四海锦诚印刷技术有限公司

书　　号　ISBN 978-7-5578-9699-7
定　　价　80.00 元

前　言

在人们生活水平获得显著提高以后，食物的含义发生了新的变化。食物不但要满足人们的温饱，同时也要保障健康与卫生。当前，很多地区都有着比较严重的环境污染问题，这些污染会导致农作物不再安全；在农作物栽培中，为了防治病虫害，往往会喷洒许多的农药，农作物在药物的污染下不再健康。农业种植过程中农药残留量高、肥料滥用以及土地污染问题严重影响了农作物品质，威胁到了人们的健康。为了提供给人们更安全的食物，就需要加强农作物种子的管理，做好农田以及作物管理工作，发挥无公害栽培技术的价值与效益。

作物栽培学是研究作物生长发育、产量品质形成规律及其与环境和技术的关系，进而采取栽培措施使各生产要素合理组合，以达到作物生产优质、高产、高效、安全、生态的目的，使投入发挥最佳的经济和生态效益的一门科学。肥料是能够提供一种或一种以上植物必需的营养元素，改善土壤性质、提高土壤肥力水平的一类物质，是农业生产的物质基础之一。作物生产是人类社会赖以生存和发展的最基本的产业，维系粮食安全，在国民经济发展中具有重要的战略地位；作物生产是农业生产的第一性生产，是种植业的主要内容。作物生产的发展对于国民经济各部门的发展以及农业内部各业的调整与发展，均具有举足轻重的影响。

本书从作物栽培与肥料施用技术角度出发，首先分析了作物栽培的基础知识；其次探讨了不同类型作物的栽培技术，如小麦、玉米、水稻；最后阐述了普通肥料及有机肥料的施用等内容。

本书论述严谨，结构合理，条理清晰，内容丰富，不仅能够为作物栽培提供翔实的理论知识，同时能为作物栽培技术相关理论的深入研究提供借鉴。

撰写本书过程中，笔者参考和借鉴了一些知名学者和专家的观点及论著，在此向他们表示深深的感谢。由于水平所限，书中难免会出现不足之处，希望各位读者和专家能够提出宝贵意见，以待进一步修改，使之更加完善。

目　录

第一章　作物栽培概述

第一节　作物栽培的内涵

一、作物的概念、分类

（一）作物的概念

广义的作物，是指对人类有利用价值并为人类栽培的各种植物，包括各种农作物、蔬菜、果树、绿肥和牧草等。地球上约有 39 万种植物，其中被人类所利用的植物有 2 500 到 3 000 种，为人类所栽培的作物有 1 500 余种。

狭义的作物，主要是指粮食、棉花、薯类、油料、麻类、糖料以及烟草等在大田里栽培面积较大的栽培植物，即农作物，俗称庄稼。

目前栽培的农作物，大都起源于自然野生植物，是原始野生种在长期被人类栽培利用过程中，不断经过自然选择和人工培育逐渐演化而来的，是人类劳动的产物和成果。

我国是农作物种类及品种资源十分丰富的国家。世界上栽培植物（不包括花卉）近 1200 种，其中有 200 种起源于我国，在粮食作物中，稻、粟、稷、荞麦、大豆、小豆等均起源于我国。我国农作物类型也多，据不完全统计，目前全国共保存各种农作物品种 25 万份，是我国十分宝贵的财富。

（二）作物的分类

作物的种类繁多，世界各国栽培的大田作物有 90 余种，我国常见的农作物有 60 多种，它们分属于植物学上的不同科、属、种。作物的分类方法很多，最常用的是按产品用途和植物学系统相结合的分类方法，其他还有按作物对温度条件的要求、对光周期的反应

和对二氧化碳的同化途径等进行分类的方法。

1. 根据作物的生理生态特性分类

（1）按作物对温度条件的要求，分为喜温作物和耐寒作物

喜温作物生长发育的最低温度为10℃左右，其全生育期需要较高的积温。稻、玉米、高粱、谷子、棉花、花生和烟草等均属于此类作物。耐寒作物生长发育的最低温度在1~3℃，需求积温一般也较低，如小麦、大麦、黑麦、燕麦、马铃薯、豌豆和油菜等均属于耐寒作物。

（2）按作物对光周期的反应，分为长日照作物、短日照作物和中性作物

凡在日照变长时开花的作物称长日照作物，如麦类作物、油菜等；凡在日照变短时开花的作物称短日照作物，如稻、玉米、大豆、棉花和烟草等；中性作物是指那些对日照长短没有严格要求的作物，如荞麦等。

（3）根据作物对二氧化碳同化途径的特点，可分为三碳作物和四碳作物

三碳作物光合作用的二氧化碳补偿点高。水稻、小麦、大豆、棉花和烟草等属于三碳作物。四碳作物光合作用的二氧化碳补偿点低，光呼吸作用也低。四碳作物在强光高温下光合作用能力比三碳作物高。玉米、高粱、谷子和甘蔗等均属于四碳作物。

此外，在生产上，因播种期不同，可分为春播作物、夏播作物和秋播作物，在南方还有冬播作物。按种植密度和田间管理方式不同，还可分为密植作物和中耕作物等。

2. 根据作物用途和植物学系统相结合分类

这是通常采用的最主要的分类法，按照这一分类法可将作物分成四大部分九大类别。

（1）粮食作物（或称食用作物）

①谷类作物（也叫禾谷类作物）。绝大部分属禾本科。主要作物有小麦、大麦（包括皮大麦和裸大麦）、燕麦（包括皮燕麦和裸燕麦）、黑麦、稻、玉米、谷子、高粱、黍、稷、稗、龙爪稷、蜡烛稗和薏苡等。荞麦属蓼族，其谷粒可供食用，习惯上也将其列入此类。②豆类作物（或称菽谷类作物）。均属豆科，主要提供植物性蛋白质。常见的作物有大豆、豌豆、绿豆、赤豆、蚕豆、豇豆、菜豆、小扁豆、蔓豆和鹰嘴豆等。③薯芋类作物（或称根茎类作物）。属于植物学上不同的科、属，主要生产淀粉类食物。常见的有甘薯、马铃薯、木薯、豆薯、山药（薯蓣）、芋、菊芋和蕉藕等。

（2）经济作物（或称工业原料作物）

①纤维作物。其中有种子纤维，如棉花；韧皮纤维，如大麻、亚麻、洋麻、黄麻、苘麻和芝麻等；叶纤维，如龙舌兰麻、蕉麻和菠萝麻等。②油料作物。常见的有花生、油

菜、芝麻、向日葵、蓖麻、苏子和红花等。大豆有时也归于此类。③糖料作物。南方有甘蔗，北方有甜菜，此外还有甜叶菊、芦粟等。④其他作物（有些是嗜好作物）。主要有烟草、茶叶、薄荷、咖啡、啤酒花和代代花等，此外还有挥发性油料作物，如香茅草等。

（3）药用作物主要有人参、党参、黄芪和甘草等

有些作物可能有几种用途，例如大豆既可食用，又可榨油；亚麻既是纤维作物，种子又是油料；玉米既可食用，又可做青饲青储饲料；马铃薯既可做粮食，又可做蔬菜；红花的花是药材，其种子是油料。上述分类不是绝对的，同一作物，根据需要，有时被划在这一类，有时又把它划到另一类。

（4）其他作物

饲料和绿肥作物：豆科中常见的有苜蓿、苕子、紫云英、草木樨、田菁、柽麻、三叶草和沙打旺等，禾本科中常见的有苏丹草、黑麦草和雀麦草等，其他如红萍、水葫芦、水浮莲和水花生等也属此类。这类作物常常既可做饲料，又可做绿肥。

二、作物栽培的任务和特点

（一）作物栽培的任务

栽培作物包括作物、环境和措施三个环节。决定作物产量和品质的，首先是品种，作物品种的基因型和遗传性在农作物生产中是第一性的。然而，并不是说有了优良的品种就一定会有高产量和高品质，因为作物品种基因型如何完全表达，遗传性如何充分发挥，还要靠栽培技术和措施。

作物栽培的任务在于根据作物品种的要求，为其提供适宜的环境条件，采取与之相配套的栽培技术措施，使作物品种的基因型得以表达，使其遗传潜力得以发挥。因此，要完成农作物生产的任务，必须掌握与作物、环境和措施三个环节有密切关系的各种知识，懂得作物要求什么样的环境条件，懂得选择和创造环境条件以满足作物的要求，还要掌握并学会采用相应的措施和手段以调控作物的生长发育和产量形成。

（二）作物栽培的特点

作物生产以土地为基本生产资料，受自然条件的影响较大，生产的周期较长，与其他社会物质生产相比，具有以下几个鲜明的特点：

1. 复杂性

多种多样的作物都是有机体，而且各自又有其不同的特征特性。每种作物又有不同的

品种，每个品种也有不同的特征特性。环境条件不同、栽培措施不同也会对作物的生长发育带来影响。

2. **季节性**

作物生产具有严格的季节性，天时和农时不可违背，违背了天时、农时，就是违背了自然规律，就可能影响到全年的生产，有时甚至将间接地影响下一年或下一季的生产。因此，在作物生产上，历来遵循“不违农时”的原则。

3. **地区性**

作物生产又具有严格的地区性。从大处说，不同的地区适于栽培不同的作物；从小处说，即使在同一地点（县、乡、村）的不同地块（阳坡、阴坡、高燥、平缓、低洼地等）所种植的作物也不应当强求一律。

4. **变动性**

随着人们对作物产量和品质形成规律认识的加深、新作物新品种的引种和创新，以及新技术新措施的引进，栽培作物的方法措施等也要不断变化，不可墨守成规。

第二节　作物的耕作制度

一、作物布局

（一）作物布局的意义

作物布局是指一个地区或一个生产单位（或农户）作物组成（结构）与配置的总称。作物组成（结构）是指作物种类、品种、面积及占有比例等，配置是指作物在区域或田块上的分布。作物布局要解决的问题是：在一定的区域或农田上种什么作物、种多少、种在什么地方。这是建立合理种植制度的主要内容和基础。

作物布局的意义，在于作物布局是否合理，不仅影响当年作物产量，也影响各种作物均衡增产和持续增产，进一步影响到一个地区或生产单位的生产结构，即农、林、牧、副、渔各业的全面发展。另外，农业生产中的复种、轮作及种植方式都必须以作物布局为基础。所以，作物布局不仅是具体从事农业生产的战术措施，也是建立科学耕作制度的战略措施。

（二）作物布局的原则

1. 因地制宜充分利用当地自然条件和生产条件

对作物布局起决定作用的因素，在大范围内，首先是自然条件、气候因素，尤其是热量和水分；其次是土壤、地貌等。在一个小范围内，气候条件差异很小，影响作物布局变化的主要自然因素是土壤、肥力和地下水等。一种作物只能在一定环境条件下生长发育，这就是作物的生态适应性，但作物的生态适应性有宽有窄，适应性较宽的作物，分布就广。因此，一个地区总有其最适宜和较适宜生长的作物，也有其最佳作物布局方案。

作物布局还必须考虑与当地劳畜力、水肥条件和机械化程度相适应，在全年农事活动中尽量克服用水、用肥的矛盾，减少劳畜力、机械作业忙闲不均的情况，以充分发挥生产条件的作用，保证不违农时，提高产量和提高劳动生产率。

2. 要与市场要求有效对接

自然条件和生产条件因素只是反映某种作物在地区种植上的可能性，要确定作物的合理布局，还必须考虑不同地区的各种经济条件因素，以及社会的需求。

随着国内市场体制的逐步完善和国际市场一体化形式的到来，农业正全面地转向商品经济和市场农业状态。农产品要转变为商品，要由使用价值实现为价值，其数量结构、品种结构乃至品质结构就必须与市场需求结构精准对接，这不仅是一个基本原则，而且也是一个不可漠视的客观规律。

3. 既要适当集中，又要防止单一化

适当集中，可以充分利用和发挥地区性自然优势，提高经济效益。也就是一个地区作物布局在作物构成上分清主次，作物种类适当、适宜，以当地常年高产稳产作物为主，其他作物适当搭配，以便解决争肥、争水、争畜力、争农时的矛盾，同时有利于作物轮作换茬。

在某种作物集中产区，应当防止作物种类单一化。如果某一种作物种植面积比重过大，也会出现生产安排不协调，特别是遇到严重自然灾害，单一化的作物布局可能造成农业生产大幅度减产。

4. 土地用养结合，保证作物均衡增产

土壤是作物生产基地，不同作物的生物学特性、对土壤要求都不同，作物布局要针对不同地块、不同茬口因土种植，同时要注意合理轮作，防止土壤养分单一消耗，造成土壤

肥力减退，以期达到土地用养结合、供求平衡，作物持续增产和各作物均衡增产的目的。

二、种植方式

（一）复种与间、套作

1. 复种

（1）复种的概念

复种是指在一块田地上于同一年内播种一茬以上生育季节不同的作物。复种的方式，可以是前后茬作物单作接茬复种，也可以是前后茬作物套播复种。

复种可以充分利用土地，一般用复种指数来表示土地利用率的高低，它是指全年作物收获总面积占耕地面积的百分数。即当复种指数为100%时，表示没有复种；小于100%时，即表示尚有休闲或撂荒；大于100%时，即表示有一定程度的复种。

复种不仅可以充分利用光能，还可以充分利用当地水、热资源，在一年内增加对环境资源的利用次数。扩大复种面积、增加作物种类可以适当解决粮食作物、经济作物、蔬菜和饲料作物争地的矛盾，有利于各种作物的发展，促进农牧结合。复种还可以增加地面全年绿色覆盖时间，对丘陵地区的水土保持具有良好作用。

（2）提高复种指数的条件

①热量条件

一个地区能否复种和复种的程度，首先决定于当地的热量条件能否满足上下两茬作物对热量的要求。一般以积温进行概算，大于等于10 ℃积温在2 500~3 600 ℃只能复种早熟青饲作物，3 600~4 000 ℃则可一年两熟。还可以作物生长期作为热量指标，大于10 ℃的日数在180~250天范围内可以一年两熟，250~280天以上可以实行一年三熟。

②水分条件

在热量条件能满足复种的地区，能否实行复种决定于当地的水分条件。如华北地区，一年两熟需要700 mm降水量，高产的小麦—玉米一年两熟需要900mm以上降水量。

③肥料条件

增施肥料是保证复种增产的重要条件。肥料充足能保证高产多收，地力不足、肥料少，往往出现两季不如一季的现象。

④劳畜力、机械化条件

复种主要是从时间上充分利用光、热和地力的措施，上茬作物收获后，播种下茬作物需要短时间及时完成。因此，要有劳畜力和机械条件的保证。

⑤经济效益大小

复种是一种集约化种植，需要有高投入才能高产出，只有经济效益增长时，复种才有意义。

2. 间、套作

(1) 间、套作的概念

①单作：指在同一块田地上只种植一种作物的种植方式。特点是便于统一种植、管理和机械化作业。②混作：指在同一块田地上，同期混合种植两种或两种以上作物的种植方式。特点是能充分利用空间，但不便于管理和收获，是一种较为原始的种植方式。③间作：指在一个生长季节内，在同一块田地上分行或分带间隔种植两种或两种以上作物的种植方式。特点是成行或成带种植，可以分别管理，但群体结构复杂，种、管、收要求较高。④套作：指在前季作物生长后期在其行间播种或移栽后季作物的种植方式。

(2) 间、套作的作用

①充分利用光照、气、热和水肥环境资源，达到提高作物总产量的目的。②具有某种程度养地的作用，使用地和养地相结合。如利用禾谷类作物与豆科作物间作，利用豆科作物根瘤菌固定空气中氮素的特性来提高土壤肥力。间、套作可使农田内根系增多，增加土壤有机质恢复和创造团粒结构来提高土壤肥力。③水土严重流失的丘陵地区，间、套作能增加地面覆盖度或延长覆盖时间，减少和防止水土流失。④间、套作可增加作物抗逆能力，减轻灾害带来的影响，总产量比较稳定。

(3) 间、套作的技术要点

①选择好适宜的作物组合及品种搭配

作物种类搭配要依据作物对通风透光和对肥水要求不同的特性合理安排。如株型上看应是“一高一矮、一疏一密”，按叶片形状搭配是“一圆一尖”，按根系搭配应是“一深一浅”，按生育期搭配应是“一长一短、一早一晚”。

在作物品种搭配上也要相互适应。如玉米、大豆间作，要选择适当早熟的品种，玉米要选择株型不太高大，比较收敛的抗倒伏品种。如玉米、谷子间作，由于谷子植株较高，玉米要选择植株较高的品种，使株高有明显的差异。此外，间作还要考虑到田间作业方便。

②合理安排田间结构，确定配置比例

田间结构包括行比、间距、密度以及作物组合彼此相适应的株行距等。配置比例与产量关系非常密切。

③加强管理

为了使间套作达到高产高效，在栽培技术上应做到：适时播种，保证全苗，促苗早发；适当增施肥料，合理施肥，在共生期间要早间苗，早补苗，早追肥，早除草，早治虫；施用生长调节剂，控制高层作物生长，促进低层作物生长，协调各作物正常生长发育；及时综合防治病虫；适时收获。

（二）轮作换茬

1. 轮作换茬的概念

一种作物收获后换种另一种作物，称为换茬。在一块农田上年度间有顺序轮换种植不同作物的方式，称为轮作。轮作中的前作物称为前茬，后作物称为后茬。

同轮作相反，在同一块农田上年年连续种植同一种作物，称为连作或重茬。另外，在生产上常见到在同一块农田上隔年种植同一种作物的方式，称为迎茬。迎茬不同于连作，但也会加重病虫危害，造成作物减产。

2. 轮作的作用

如农谚所说，“倒茬如上粪”“三年两头倒，地肥人吃饱”“油见油，三年愁”“豆后谷，享大福；谷后谷，坐着哭”等，都是各地农民对轮作意义的形象概括，说明轮作是一项促进用地、养地协调，持续、均衡增产的经济而有效的农业技术措施。

（1）轮作能均衡利用土壤养分

不同作物对土壤营养元素的要求和吸收能力有差异，不同作物的根系深浅分布也有差异。因此不同作物实行轮作，可以全面均衡地利用土壤中各种养分，充分发挥土壤的生产潜力。

（2）轮作可改善土壤的理化性状

作物的残茬落叶和根系是土壤有机质的重要来源。不同作物有机质的数量、种类和质量不同，分解利用的程度不同，对土壤有机质和养分的补充也有不同的作用。有些作物根系分泌物（如大豆、西瓜）对本身的生长发育有毒害作用，轮作就可避开有毒物质的侵害。水田在长年淹水条件下，土壤结构恶化、有毒物质增多，水旱轮作能明显地改善土壤的理化性状。

（3）轮作可减轻作物的病虫草害

有些病虫害是通过土壤传播感染的，如水稻纹枯病、大豆胞囊线虫病、甘薯黑斑病和玉米食根虫等。每种病虫对寄主都有一定的选择性，因此选择抗病虫作物与易感病虫作物进行定期轮作，便可消灭或减少病虫害发生。特别是水旱轮作，生态条件改变剧烈，更能显著减轻病虫危害。有些农田杂草的生长发育习性和要求的生态条件，往往与伴生作物或寄生作物相似，如大豆田中的菟丝子、谷地中的谷莠子、稻田中的稗草、麦田的燕麦草等，实行合理轮作，可有效抑制或消灭杂草。

（4）轮作有利于合理利用农业资源

根据作物的生理、生态特性，在轮作中前后作物搭配，茬口衔接紧密，既有利于充分利用土地和光、热、水等自然资源，又有利于合理均衡地使用农机具、肥料、农药、水资源以及资金等社会资源，还能错开农时季节。

3. 作物茬口特性

作物茬口特性是轮作换茬的基本依据，合理轮作是根据茬口特性安排适宜前茬和轮作顺序，以利年年增产，提高轮作周期总产量。

茬口，是作物在轮作中给予后作以种种影响的前茬作物及其茬地的泛称。茬口特性是指耕作栽培后的土壤生产性能，它是作物生物学特性及耕作栽培措施对土壤共同作用的结果。评价茬口特性，是从土壤养分、水分、空气、热量状况及土壤耕性等各方面进行分析。

（1）按土壤养分（特别是有效肥力）来分，分为油茬和白茬

豆类、瓜类和芝麻等作物茬地有效肥力高，其后作在施肥少的情况下也能有较好的收成，为好茬口，称为油茬（黑茬）。甜菜、向日葵等茬地有效肥力低，是不好的茬口，称为白茬。麦类、玉米等茬口称为中间茬、平茬或叫调剂茬。

（2）按积累有机质多少来分，分为耗地作物和养地作物

中耕作物一般属于耗地作物。玉米、绿肥、牧草和大豆属养地作物，有补充土壤有机质培肥地力的作用。

（3）按土壤耕性好坏来分，分为硬茬和软茬

高粱、谷子、糜子和向日葵等茬口，土壤紧实，耕作时易起坷垃，称硬茬。由于这类茬口有坚韧的根系，土壤易板结，必须消除根茬，细致整地才能种好下茬作物。豆类、麦类茬口则土壤松软，易于整地，称为软茬。

（4）按土壤温度状况和影响下茬作物发苗程度来分，分为冷茬和热茬

甜菜、荞麦茬因植物荫蔽性强，或收获较晚，没有晒田的机会，土壤养分转化慢，土壤物理性状不良，影响后作发小苗，称为冷茬。小麦、玉米和谷子等茬口，其覆盖度小，

中耕次数多或收获早，有晒田的时间，土壤温度高，土壤养分转化快，称为热茬。

（5）按土壤积累水分多少来分，分为干茬和润茬

甜菜、荞麦等茬口为干茬，玉米等作物茬口为润茬。

评价茬口的好坏，最终体现在后作物生育状况和产量上。茬口特性是相对的，茬口好坏也是相对的，是互相比较而言的，要看在什么地区以及什么条件下。豆类作物含氮多，对禾谷类作物是个好茬口，而种植茄科的烟草，则不是好茬口。因此，分析茬口特性一定要全面考虑，前后衔接要扬长避短、趋利避害。

4. 合理轮作的实施

（1）确定轮作中作物组成

安排轮作首先要选择种植作物种类。作物种类应根据生产任务、生产条件、经济价值及作物生态适应性而定。轮作区土地应该尽量集中连片，便于耕作管理。至于零星或条件特殊的土地可不列入轮作区中。作物种类确定之后，要考虑各种作物主次地位及所占的面积比例，在此基础上确定轮作区面积。

（2）确定适宜的轮作年限

轮作中作物种类多，主要作物比重大，则要求年限长一点，否则应短一些。不耐连作的作物参加轮作的年限应长一些，间隔年限就多，如亚麻、甜菜、烟草最好4年以上。比较耐连作的作物轮作年限收缩性较大，可长可短，如小麦、玉米等。

（3）确定轮作顺序

①轮作中前作和后作合理搭配

前作尽可能为后作创造良好条件，后作利用前作优越条件弥补自己之短，抑或是前作不能给后作创造优良条件，也要考虑不会有不良影响。

②把主要作物、经济价值较高的作物安排在最好茬口上

但在生产上最好茬口总有一定限度，必须分清主次，做到全面合理安排。

③充分利用养地茬口及其后效，但不宜重茬和迎茬

如以大豆为主体轮作，大豆面积不能过大，一般不超过本单位耕地面积的1/3，同时要从作物布局上全面考虑。

随着现代化农业深入发展和科学技术进步，农村土地连片集中及家庭农场出现，建立合理轮作制度已经提上日程，各地应积极探索，为制定科学轮作制度提供理论和实践经验。

5. 连作的应用

(1) 连作存在的原因

长期连作会使土壤中某种营养元素缺乏，加剧土壤养分供给与作物需要之间的矛盾，容易引起土壤病虫为害和田间杂草蔓延，如大豆重茬和迎茬，会遭受一些毁灭性病害蔓延。长期连作会导致作物生长不良，产品质量下降。但在农业生产中，不可能完全避免连作，其原因是：

第一，某些地区气候、土壤条件比较适宜发展某种作物，或因生产需要，某些作物种植面积较大，不可避免有一定年限的连作，如国有农场的小麦、水田区的水稻等。

第二，不同作物对连作反应不同，有的耐长期连作，如水稻和棉花；有些作物能耐一定年限连作，如麦类、玉米和甘薯等，但年限过长仍要减产，如小麦等。

第三，不同作物耐连作程度大小受品种、土壤性状、栽培技术的影响，可以采取适当的措施使其缓解。发生病害也可用药剂进行防治，土壤物理性状变坏可以通过施肥加以改善。

因此，在农业生产中并不是绝对排除某种作物短期连作，有时甚至是必要的。

(2) 连作的应用

精耕细作，保持良好的耕层结构和田间清洁度，并定期加深耕作层，充分发挥土壤的潜在肥力；合理施肥，防止某种营养元素的片面消耗而造成的养分不平衡现象。需要基肥、种肥和追肥相结合，以有机肥料为主，和化学肥料结合；更换品种，采用耐病高产品种；控制病虫草害，采用药剂进行防治。

三、土壤耕作技术

(一) 土壤耕作的概念和依据

1. 土壤耕作的概念

土壤耕作，是通过农机具的机械力量作用于土壤，调节耕层和地面状况，以调节土壤水分、空气、温度、养分的关系，为作物播种、出苗和生长发育提供适宜的土壤环境和措施。

在农业生态系统中，土壤是能量转移和物质循环的一个库，土壤耕作措施就是对土壤库进行有益的管理和控制，以维护并调整成为高效率的生态平衡和土壤生产率，从而使作物—环境—土壤之间的矛盾关系在高产、稳产、持续增产的基础上统一起来。

2. **土壤耕作的依据**

（1）作物对土壤耕层的要求

作物对土壤耕层的要求，是利于扎根、便于出苗，要求根系扩展面大，能不断地供应所要求的水、肥、气和热条件，从土壤耕作上考虑，即要求土壤耕层深厚与适宜的松紧度。

耕层深厚可以储存较多的水分和养分，使作物根系发育良好。良好的土壤，一般土层1 m以上，耕层20~30 cm为宜，同时耕层绵软而致密。

土壤过松，大孔隙多不利于扎根，虽透水性能好，但持水性差，土壤温度也不稳定；土壤过紧，通透性不良，耕层中水分和空气比例失调，影响水、肥、气和热供应，更影响根系的发育。

（2）气候条件

气候条件变化既直接影响作物生长发育，又通过土壤给予间接影响，土壤耕作措施要考虑气候条件及季节的变化。

（3）土壤特性

土壤耕作措施要以不同土壤特性为依据，如黑土类孔隙性好；白浆土的土壤耕作要保护表层和改善白浆层构造，增强通气性；盐碱土的土壤耕作要求切断毛细管，不使盐分集中于表土；沙性土的土壤耕作以保墒为主。

不同地形地势土壤水分状况不同，如水岗地和二洼地耕层中水分的自然分布充足，也比较稳定，土壤耕作蓄水保墒任务不十分迫切；旱岗地及坡地，水分不稳定，常常缺水，土壤耕作应创造蓄水保墒耕层构造和防止水土流失；低平地和洼地地下水位高，常有外水流入，土壤耕作需要排水和保墒。

（4）土壤宜耕性

土壤宜耕性是决定土壤耕作措施时间与质量的重要依据。影响土壤耕作难易和土壤耕作质量的属性称土壤耕性。土壤最适宜耕作的含水量范围的时期称宜耕期。

宜耕期长短，是由土壤结持力、黏着力和可塑性决定的。结持力是指土壤颗粒间相互凝结抵抗农具破碎土壤的阻力；黏着力是指黏着农具的一种阻力；可塑性是指土壤在外力作用下引起土体变形，当外力排除后继续保持变形的性能。黏土在土壤水分少时结持力大，水分逐渐增多时结持力逐渐减少，但黏着力和可塑性又逐渐增加。当黏重而结构差的土壤进行耕作时，农具所受阻力大，耕地质量也差。因此，土壤耕性在水分少时主要受结持力影响，水分多到一定程度又受黏着力影响，可塑性不影响耕作的难易，却关系到耕作质量。

在农业生产上掌握宜耕期，选择土壤水分适宜时进行土壤耕作，即结持力已减小、黏着力尚未产生的时期为土壤宜耕状态。从理论上讲，土壤耕作后能达到作业标准，在具体操作上是于土壤保持持水量的60%时进行作业。其表现是土壤地表干湿相间，脚踢地面土块散碎，抓一把耕层5~10 cm处的土壤，手握成团但不出水，手无湿印，落地散碎。这样状态下的土壤结持力、黏着力、可塑性都小。

（二）土壤耕作的方法

土壤耕作分为基本耕作和表土耕作。基本耕作的耕作深度是整个土壤耕层，能改变整个耕层的性质；表土耕作是在基本耕作的基础上，对土壤表面进行较浅作业的措施。

1. 基本耕作

凡是农具的作业部件入土较深、动土量较大，作用于整个耕层的土壤耕作，称基本耕作。基本耕作包括耕翻和深松耕等，是影响整个耕作层的一项作业，对土层的影响最大，耗费动力也大。

（1）翻耕

翻耕又称耕翻、犁地和翻地。是用有犁壁的犁铲切入土壤成土垡，并借犁壁使土垡上升，翻转而后抛入犁沟中的作业。翻耕的目的是改善耕作层的土壤结构，翻埋和拌混肥料，促使土壤融合，加速土壤熟化，并有保蓄水分、灭除杂草、杀灭虫卵等作用。

①翻耕方法

由于采用犁壁形式不同，给土壤带来不同的影响，垡片的翻转有全翻垡、半翻垡和分层翻垡三种。耕翻绿肥、牧草地、荒地，采用螺旋形犁壁，将垡片翻转180°，称为全翻垡。熟地采用熟地型犁壁，垡片翻转135°翻后垡片彼此相连，与地面呈45°角，有较好的碎土作用，称为半翻垡。复式犁是在主犁锋前方安装一个小铧，耕深为主犁铧的一半，耕幅为主犁铧的2/3，作业时小犁锋将上层残根和比较板结厚约10 cm的土层翻到犁沟中去，翻转180°，再由主铧把下层土翻到上面，称为分层翻垡。

②翻耕时期

翻地时期有春翻、伏翻、秋翻三个时期。不同时期翻地效果主要受气候条件和翻后距下茬作物播种之间的时期而定。这是由于它们重新形成毛管孔隙连续程度和重新在表层形成好气性微生物区系程度而异。距离播种时间越长，连通性毛细管孔隙越多，提墒能力越强，有效养分越多，利于发苗。

伏秋翻地能接纳和蓄积伏秋季雨水，减少地面径流，保存土壤水分；土壤熟化时间长，经冬春冻融交替，耕层下沉，松紧度适宜，土壤有效肥力高；也能有效清除杂草，打乱病菌、害虫生活条件，加以清除。因此，要在夏收作物收获后及时伏翻，秋收作物收获后及时秋翻。

春翻地会使土壤水分大量散失，耕得越深，损失越多，只有不得已时才进行春翻。春翻要在返浆期进行，要翻、耙、压连续作业，翻地要浅，以 16~18 cm 为宜。

③翻耕深度

适宜耕翻深度，应根据土壤特性和作物生物学特性决定。黑土土层深厚，黏土质地黏重，盐碱土耕层紧实易返碱，都可以适当加深；沙质土质地粗不宜深翻。一般原则是黑土层厚的应深些，浅的则应浅些，通常以 18~22 cm 为宜，也可以加深到 25 cm。生产实践中将翻地深度 14~18 cm 称为浅翻，20~22m 为普通深翻，超过 22 cm 为深翻。

（2）深松耕

是利用无壁犁、深松铲或凿形铲对耕层进行全面或间隔地深位松土但不翻土的耕作。耕深可达 25~30 cm，最深为 50 cm。这种耕作能使土层疏松，能破除犁底层，改善耕层构造。

2. 表土耕作

表土耕作作为翻地辅助作业，其目的是配合翻地为作物创造良好的播种出苗条件和生长条件。表土耕作的作用范围一般是 0~10 cm 的表土层。

（1）耙地

耙地的作用是疏松表土、耙碎土块、破除板结、透气保墒、平整地面、混合肥料、耙碎根茬、清除杂草以及覆盖种子等。耙地工具有圆盘耙、钉齿耙、弹簧耙 3 种。圆盘耙碎土能力强，也有些翻土作用，适用于黏重潮湿土壤，也用于翻地前耙地，也有用重型耙直接耕地进行耙茬作业的。钉齿耙适用于土壤疏松和水分适宜的土壤。弹簧耙多用于草多和石砾多的土壤。

（2）耢地

耢地又叫盖地、擦地、耱地。耢地作用是平整田面，并有碎土作用，在干旱地区能减少地面蒸发，起到保墒作用。耢地主要作用于表土 3 cm 左右深度，其工具有铁制和木制的拖板，或用枝条编制的树枝耢子。

（3）镇压

镇压使用的工具有 V 形镇压器、网形镇压器和圆筒形镇压器。镇压的主要作用是破碎土块，压紧耕层，平整地面和提墒。镇压一般作用于土壤表层3~4 cm，重型镇压器可达9~10 cm。播前镇压，因土壤过松可以压紧土层，以减少土壤水分扩散的损失，并增加土壤毛管孔隙，使底层水分上升到表层，供给种子发芽利用。播种后镇压，可使种子与土壤紧密接触，以便吸水发芽和扎根，特别是小粒种子更为重要。但镇压如果运用不当，会引起一些不良后果，如在黏土地或土壤过湿情况下镇压，会使土壤板结；盐碱地镇压会加重土壤返盐。

（4）起垄

起垄的优点是防风、保蓄水分、提高地温、改善土壤通气。我国东北地区及各地山区盛行垄作。起垄的工具一般用犁，垄宽50~80 cm，具体宽度由耕作习惯、种植作物及起垄农机具而定。垄作有先起垄后播种、边起垄边播种、先播种后起垄等做法。

（5）中耕

中耕又称铲蹚，是垄作耕法出苗后田间管理中主要的土壤耕作措施，是垄沟部位的深耕及除草、培土作业。一般进行2~3次铲蹚，以此加强垄体透气性，促使作物根系快速伸展至底土层，增强作物幼苗的抗旱能力，同时也为迎接雨季增加蓄水。一般是先用锄头人工铲地，然后用犁蹚地，对喜温作物铲后1~2天再蹚地，怕旱的作物随铲随蹚。并在垄沟中留有松土覆盖（坐犁土），防止水分蒸发和犁底层干裂。

（三）免耕法与少耕法

1. 免耕法与少耕法的概念

（1）免耕法

免耕是播种前不用犁、耙进行整地，直接在茬地上播种，作物生育期间不使用农具进行土壤管理的方法。免耕法常有3个环节组成：一是利用前作残茬或控制生长的牧草及其他物质做覆盖物，覆盖全田或行间，借以减轻风蚀、水蚀和土壤水分蒸发；二是采用联合作业的免耕播种机播种、覆土、镇压一次完成作业；三是应用广谱性除草剂于播种前或播后进行土壤处理，杀除杂草。

在作物生长过程中机车进地作业减至最低程度，一般为3次，即播种、喷药和收获各一次，从而避免机具过分压实土壤，破坏耕层构造，并能降低耗油与成本。

（2）少耕法

是指在常规作业基础上尽量减少土壤耕作次数的方法，是针对平翻耕法多耕而言。

2. 少耕法体系

少耕法体系目前主要有以下几种：

（1）保留翻地而去掉翻后耙耢或镇压措施，立即播种的方法

这种方法必须在土壤宜耢状态翻地，要求在翻地质量高、底土蓄水较多条件下应用。

（2）保留翻、耙、耢作业环节，去掉中耕作业的少耕法

据试验，在翻地基础上可连续3~4年减少中耕次数，但以不少于两次为宜。

（3）去掉翻地连年耙茬的少耕法

连年耙茬耕法，是指作物收获后不翻地，直接用圆盘耙耙地的耕作方法。具体技术是平地先交叉耙后斜顺耙，对有垄地先顺耙后交叉耙，一般需耙3~4次。其主要作用，一是创造了适宜的种床和根床，呈现表层松、下层紧的上松下实的耕层构造；二是有较强的抗御干旱能力；三是土壤孔隙少，水分较多，热容量加大，吸收太阳能较多并很快传到深层，有利于提高整个耕层温度；四是保肥力强，可利用土壤耕层肥沃、下层瘠薄，上层根系多、下层分布少的规律，使根系处在营养丰富的耕层，土壤微生物群落完整，春天能较快恢复机能，释放活化养分供给幼苗应用，因而对恢复、保持土壤结构和提高地力有良好作用；五是能减轻风蚀、水蚀，减少田间作业工序，作业效率高，对争取农时极为有利。

（4）旋耕

是指用旋耕机全面旋松±10 cm层代替翻地的表土耕作。其优点是碎土能力强，能打碎残茬，耕层松碎平整，较翻地省工省力，降低成本。但不能连年旋耕，否则失掉底土的深耕后效，造成底土过硬。

第三节　作物栽培学的性质

一、作物栽培的性质和任务

作物栽培学是一门直接为农业生产服务的应用性科学。它的基本任务是围绕作物优质、高产、高效、生态、安全的生产目标，揭示作物生长发育、产量与品质形成等规律及其对生态环境、栽培措施的反应，探索作物优质高产高效的客观规律，制定综合配套栽培技术，以实现最大的经济效益、社会效益和生态效益。

作物栽培学的内容丰富，且综合性强。作物种类多，各种作物及其品种都有其自身的

生长发育和产量及品质形成规律，因此作物栽培学首先必须研究它们的生育规律，在此基础上提出相应的栽培技术措施；作物在生长发育的不同阶段，对土、肥、水、光、气等外界条件都有特定的要求，且各种环境因子又是相互关联的，因此作物栽培学必须研究作物生长发育与环境条件的关系，明确最有利于作物高产和优质的环境因子以及为创造最佳生长环境的农艺调控技术；作物生产的对象是群体，而群体由个体所组成，在作物生长发育过程中，群体与个体间存在着一定的矛盾，主要表现在群体内不同个体对外界环境因子的竞争作用，因此作物栽培学必须分析这些作用，创造一个群体和个体协调发展的农田生态系统，改善群体质量，以充分发挥品种的遗传潜力；作物生产不仅要考虑当季当年的高产高效，而且要考虑生产的持续发展、资源的有效利用以及环境的洁净安全，因此作物栽培学还必须研究当季当年的生产对土壤肥力、资源利用和环境质量的影响，建立一种可持续发展的种植和栽培管理体系。

二、作物栽培学的学习方法

要学好作物栽培学，必须注意以下几点：

一是要了解国内外市场对作物产量和品质的要求，树立以市场为导向的生产观念。

二是要确立正确的学习方法。作物栽培学研究的对象是活的有机体，作物本身的生长发育规律、外界环境条件的变化规律，以及作物生长发育和环境条件关系的规律，都是客观存在的。因此，学习作物栽培学要理解这些规律的基本原理，并善于分析和归纳。

三是要有理论联系实际、实事求是的科学观。作物栽培学是一门实践性很强的科学，它直接用于指导实践，为生产服务。因此，学习作物栽培学，一方面要掌握理论知识，另一方面要紧密结合生产实践，从实践中不断提高发现问题、分析问题和解决问题的能力。

四是要学好相关的基础学科，奠定学好作物栽培学的理论基础。作物栽培学是一门综合性很强的应用科学，它以众多的学科为基础。如研究作物的形态结构，必须具有植物学、植物解剖学的知识；研究作物的生长发育规律，必须具有植物生理学、遗传学以及现代分子生物学的知识；研究作物对环境条件的要求，必须具有土壤学、农业气象学、农业化学、农业生态学以及植物生理学的知识；防治病虫杂草，必须具有农业微生物学、农业昆虫学、植物病理学和农药学的知识；在试验设计和数据分析时，必须具有生物统计学、计算机应用技术等知识；为了提高生产效益，还必须具有经济管理、农产品加工学和市场行销学等知识。

第四节　作物产量与科学成就

一、作物产量和生产潜力

（一）作物产量

作物产量有生物产量和经济产量两个概念。生物产量是指作物在整个生育期间生产和积累的有机物质总量，即整个植株（一般不包括根系）的干物质总量。经济产量是指栽培目的所需要的产品收获量，即一般意义上的产量。由于作物种类和栽培目的不同，被利用作为产品的部分也不相同，如禾谷类、豆类作物的产品是籽实，薯类作物是块根、块茎，棉花是种子纤维，黄麻、红麻、大麻、芝麻等为韧皮纤维，甘蔗为茎秆，烟草、茶叶为叶片，绿肥作物为整个植株。当玉米作为粮食作物时，其产品收获物是籽实；作为饲料作物时，茎、叶、果穗均可用作饲料。

作物经济产量是生物产量的一部分，经济产量的形成以生物产量为物质基础。没有高的生物产量，就不可能有高的经济产量，但有了高的生物产量，是否就一定具有高的经济产量了呢？这取决于生物产量转化为经济产量的效率。这种转化效率可用经济系数（经济产量/生物产量）来衡量。经济系数越高，说明有机物转化为收获物的效率越高。现代育种大大提高了作物的经济系数，目前薯类作物为0.7~0.85，水稻、小麦在0.5左右，玉米为0.25~0.3，油菜和大豆在0.3左右。由此可见，不同作物的经济系数差异很大，这很大程度上与所利用的产品器官及其化学成分有关。一般来说，凡是以营养器官作为收获对象的作物（如薯类），其产品形成过程比较简单，经济系数往往较高；凡是以生殖器官作为收获对象的作物（如禾谷类和豆类），其产品形成过程要经过较为复杂的有机物转运和再合成，经济系数较低。以碳水化合物为主的收获产品，因形成过程能量消耗少，往往经济系数较高；蛋白质和脂肪含量较多的收获产品，形成过程能量消耗多，经济系数较低，因而大豆、油菜等蛋白质、油分含量较高的作物经济系数要比稻、麦等禾谷类作物低。

一般情况下，特定作物品种的经济系数相对比较稳定，作物产量主要取决于生物产量，因而提高生物产量是夺取高产的基础。从作物经济产量的形成过程上看，在作物营养生长阶段，光合同化物绝大部分用于营养体的建成，为以后产品器官的发育和形成奠定物质基础；进入生殖生长后，光合同化物主要用于生殖器官或储藏器官的形成，即形成产量。因此，作物生育后期的光合同化量与经济产量的关系十分密切。保持后期有较大的绿叶面积和较强的光合能力，是提高作物经济产量和经济系数的关键所在。为了达到高产目标，栽培上要运用综合配套技术措施，在作物生育前期，促进壮苗早发，建立起大的营养体，为生产大的生物产量打基础；在生育中期要促使营养器官和生殖（储藏）器官的协调生长，形成足够数量的有机物储存器官；在生育后期要防止植株早衰和贪青，保证有充足的有机物合成和顺利向产品器官运输。也就是说，要获得作物高产，不仅要求同化物多，运转能力强，同时还要求有与之相适应的储存产品的器官，即要求库大、源足、流畅。

（二）作物产量构成因子及相互关系

在一定的栽培条件下，作物群体的产量构成因素之间往往存在着一定的矛盾关系。以禾谷类作物为例，当单位面积的穗数增加时，每穗粒数就有减少的趋势，千粒重也会有所降低，这是因为作物的群体是由各个体组成的，当单位面积上株数（密度）增加时，各个体所占的空间就减少，这样个体的生物产量会相应削弱，因而表现为每穗粒数等构成经济产量的器官也减少。密度增加，个体变小是普遍现象，但个体变小，不等于最后产量就低，这是因为作物栽培的最终目的是单位面积上的产量，即要求单位面积上的穗数×粒数×粒重达到最大值。由此可见，若单位面积上的穗数增加能弥补并超过每穗粒数及粒重减少的损失，则表现为增产。当三因素中任一因素增加而不能弥补另两个因素减少的损失时，就表现为减产。那么，个体可以允许的削弱和过分削弱之间的界限在哪里呢？根据对以籽实为收获物的作物的分析结果，当群体密度增加到一定水平时，单株籽实重并不随植株重量降低成比例下降，而是比株重下降更为剧烈，结果导致经济系数下降，即在密度提高后植株受到削弱时，生殖器官受到的削弱更为严重。因此，在密度过高时，虽然生物产量并不比密度适宜时少，但经济产量却由于经济系数的下降而比密度适宜时为低。所以，对于以籽实为主要收获物的稻、麦、玉米、大豆、油菜等作物来说，产量最高时的密度范围，出现在提高密度增加干物质积累的有利作用恰好与经济系数下降的不利作用相等的时候，而这个密度总是比生物产量最高时的密度要低。

当密度超过一定范围后，造成经济系数下降的根本原因是，群体过大引起的冠层郁蔽、通风透光差，叶片光合效率下降，从而影响干物质的生产和积累。任何作物达到高产，在具体的栽培条件下都有一个最适的叶面积值。在此值以下，增加密度，可增加单位面积上的绿色面积，提高光能利用率，从而增加干物质生产和积累。当密度超过一定范围，叶面积继续增大时，田间遮光严重，有效叶面积和光合产物不再增加，而呼吸消耗则随叶面积的增加而增大，因而干物质积累反而减少。作物各生育阶段的最适叶面积指数，是协调产量构成因素间的矛盾，增加干物质积累，提高经济系数的重要条件，也是作物高产栽培需要研究和解决的主要问题。

（三）作物增产潜力与提高作物产量的途径

作物所积累的有机物质，是作物利用太阳光能，将吸收的二氧化碳和水通过光合作用合成的。通过各种措施和途径，最大限度地利用太阳光能，不断提高光合作用效率，以形成尽可能多的有机物质，是挖掘作物生产潜力的重要手段。

据研究，在自然条件下作物可以达到的太阳光能最高利用率，为可见光的12%左右，我国耕地全年太阳光能平均利用率仅为0.5%~0.6%，即使是全年产量达15 000 kg/hm^{2}的田块，其太阳光能利用率也只达4%左右。据报道，在气温>5℃的时期内，如农田的太阳光能利用率达到2%，则我国粮食作物的平均产量可达7 500 kg/hm^{2}以上；如在>5℃的时期内农田的太阳光能利用率提高到5.1%，则全国粮食平均产量将达到27 765 kg/hm^2。可见，提高作物的单位面积产量，还有巨大潜力。

以上光合潜力的估算值，必须在以下四个条件都具备时才能实现：一是具有充分利用光能的高光效作物品种，二是空气中的二氧化碳浓度正常，三是环境因素均处于最适宜状态，四是具备最佳的接受和分配阳光的群体。

因此，从提高光能利用率上提高单产，必须从改良作物品种和改善环境条件等几方面着手：

1. 培育高光效的作物品种

要求具有高光合能力，低呼吸消耗，光合机能保持较长时间，叶面积适宜，株型、长相等有利于田间群体最大限度地利用光能的特点。

2. 充分利用生长季节，合理安排茬口

采用间作套种、育苗移栽等措施，提高复种指数，在温度允许范围内，使一年中尽可能多的时间有作物生长，特别是在温度高、光照强的时期，使单位面积上有较高的绿色面积，以提高作物群体的光能利用率。

3. 采用合理栽培措施

如合理密植，使田间有最适宜的作物群体；加强田间管理，正确运用肥、水，充分满足作物各生育阶段对外界环境条件的需求。

4. 提高作物光合效率

通过补施二氧化碳、人工补充光照和抑制光呼吸等手段达到这一目标。

二、作物栽培科学成就与发展前景

（一）世界作物生产的发展概况

作物栽培科学是密切联系生产实际、把科学技术转化为生产力的应用性学科，作物栽培科学和技术是综合反映一个国家、一个地区农业科技水平和生产水平的标志之一。随着自然科学的研究发展、新技术的发明应用、生产条件的改善优化，作物栽培科学不断被赋予新的内容并把作物生产提高到一个新的水平。衡量作物栽培科学的标志最终显示在产量的增长、品质的改善和效益的提高上。从全世界范围看，当代作物栽培科学有以下特点和成就。

生产条件明显改善。农业技术现代化对作物产量增长起重要作用。自20世纪80年代以来，农业机械作业进一步发展，发达国家农田耕、种、管、收已全部实现机械化、自动化，农业劳动生产率显著提高；发展中国家农机作业比例也有所增加。化肥施用量成倍增长，且氮、磷、钾比例进一步调整，逐渐趋于合理。农田灌溉面积进一步扩大，21世纪世界农田灌溉面积约3. 23亿hm^2，占农用土地面积的6. 6%左右；我国是灌溉面积最大也是增加速度最快的国家。同时，新的节水灌溉技术不断得到开发和应用。

（二）生产技术不断改进与完善

1. 良种良法配合

作物新品种培育更注重高产、优质和抗逆性。近半个世纪以来，作物育种在矮秆抗倒、高产优质、抗逆抗病等方面取得了重大突破。水稻、玉米、棉花和油菜等作物都培育出一批杂种优势强、适应性广的高产组合（品种）。在良种推广应用前，通过对作物生长发育、产量形成、生产潜力、环境适应、抗逆性以及栽培技术效应等生理学、生态学、栽培学方面的研究，并明确提出充分发挥良种高产、优质潜力的栽培技术措施，实现良种良法配套。

2. 肥料管理

在20世纪80年代的作物增产诸因素中，增施化肥和合理施肥的贡献率约为30%~40%。鉴于化肥在作物生产上的重要作用以及施用过量或不合理会导致生产成本增加、环境污染的问题，提高肥料利用率一直是农业科学研究的主要内容：一是研究作物需肥规律和配方施肥技术，充分发挥肥效；二是改进施肥方法，减少养分挥发和流失；三是增施化肥增效剂；四是研制新型化肥品种，如复合肥料、缓效肥料、包衣肥料等。

3. 科学灌溉

20 世纪 80 年代世界农田灌溉面积约 3.23 亿 hm^2，不及农用土地面积的 20%，但提供的农产品占农业总产量的一半以上。在当今水资源紧缺的情况下，节水栽培是世界研究灌溉技术的重点。节水栽培是一项综合配套技术，它是以节水灌溉为核心，配合采用抗旱品种、秸秆或薄膜覆盖、少耕免耕、土壤保水剂等措施。各国在改进渠道灌溉的同时，发展管道灌溉。发达国家采用喷灌、滴灌、雾灌等新技术，一般比沟灌或漫灌节约用水 30%～50%，节约农地 7%～10%。

4. 设施栽培

设施栽培包括温室栽培、无土栽培、工厂化栽培以及植物工厂等，它是人工控制自然条件、创造作物良好生长环境的一种集约化程度很高的栽培方式，可以人为调节季节，显著增加光热资源利用，大幅度提高农作物产量。设施栽培的发端始于 20 世纪 70 年代掀起的塑料薄膜的广泛应用，从花卉、蔬菜等精细作物发展到粮食作物。薄膜覆盖具有增温保墒作用，增产增收显著，在高寒冷凉地区大田作物一般增产 30%～50%，高的达一倍以上。此后，一些农业发达国家陆续发展温室栽培和工厂化栽培，并已出现一定规模的植物工厂栽培，这些设施栽培不受季节、气候和土壤的限制，光照、水分、养分、二氧化碳等环境因子可自动化控制，管理实现机械作业，并与组织培养等生物工程技术紧密结合、配套应用，实现了高产、优质、高效的目标。

5. 农作物模型模拟技术

利用计算机模拟作物生长发育和产量形成过程是一项新兴技术。20 世纪 60 年代，有关科学家建立了农作物生长动力学模型，模拟作物光合作用、呼吸作用、物质运输等过程，解释作物生长与环境的数量关系；之后开发了著名的作物生长模拟程序，可以模拟作物生长、农田小气候、光合进程、呼吸消耗、水分平衡等。20 世纪 80 年代从理论研究逐步进入应用研究，如美国建立的棉花生长发育和产量形成动态模型，已在棉花种植带大范围推广应用；建立的作物环境资源综合体系小麦、玉米生长和产量模型，用来预测玉米带的产量以及研究气候变化对作物产量的影响。

6. 农业机械作业

总体而言，发达国家已实现了农田作业机械化，农业机械日益向大功率、高速、宽幅、联合作业与自动化方向发展。例如，130 马力轮式拖拉机带动 10 铧犁，耕地前进速度为每小时 8 km，每天可耕翻土地 16 hm^2；整地播种机具幅宽 10~20 m，并广泛采用悬挂装置和复式作业。联合收割机采用液压操纵、自动挂接、电子监视技术等。迄今，大多数发展中国家农业机械化尚处于较低水平，劳、畜、机作业兼而有之，因而农业生产力相对低下。

三、我国作物栽培科学的成就和发展

（一）种植制度改革

作物间套复种是合理利用自然资源和提高单位土地生产力的重要途径，也是作物栽培科学的主要研究内容。我国南方稻区 20 世纪 50 年代进行单改双、间改套，60 年代大力推广双季稻，70 年代以后部分地区在双季稻改制的基础上，发展粮食和经济作物的两熟制和复种形式的三熟制，在江淮地区发展小麦—水稻、小麦—棉花或油菜—水稻两熟制，在黄淮海平原逐步从一年一熟发展到两年三熟及以小麦、玉米为主的间套复种一年两熟。种植制度研究的主要成就有：①在查明全国不同生态类型区光、热、水资源分布和种植方式的基础上，研究制定了全国农作物种植制度区划，为调整作物布局、改革种植制度和分布分类指导提供了依据。②研究不同种植类型农田生态系统的物质能量循环，明确了物质循环的特点以及氮素、碳素和其他矿质元素的循环过程。③研究多熟种植与培肥地力的关系。查明间套复种对土壤理化性状和养分含量的影响，通过各种土壤培肥措施，如多施有机肥、秸秆还田、建立合理作物轮作和土壤耕作制，实现用地与养地相结合。④研究复合群体的竞争和互助，包括种内和种间竞争和互助。查明作物复合群体在空间、时间和地下部对光照、水分、养分的竞争以及对植物代谢产物的影响，通过优化种植方式、品种搭配、行向、行比以及各种调控措施，提高光能利用率和对养分、水分的吸收利用，加快物质能量的转化进程。⑤针对不同生态区多熟种植方式，如南方水田双季稻、黄淮海平原小麦玉米两熟间套复种、西南丘陵旱地三熟套种和北方一熟种植等，研究多熟高产综合配套栽培技术以及大、中、小结合一型多用的农业机械。我国农作物间套复种种植制度及其研究成果，在世界农业科学领域中居领先水平。

（二）育秧（苗）移栽技术的发展

作物育秧（苗）移栽在我国有悠久的历史，它可以集中育苗，适时移栽，合理安排作物茬口，调节劳力，提早播种，充分利用农时季节，是获取农作物高产的一项重要技术。育秧（苗）移栽是作物栽培学的重点研究内容之一，取得的主要成果有：①水稻培育壮秧机理及防止烂秧的措施；②农作物工厂化育秧（苗）生态因子的调控；③玉米、棉花等作物营养钵育苗的形态生理指标及移栽技术；④育苗移栽机械化。我国大田作物育苗移栽技术及其研究成果在国际上具有较高的水平。

（三）施肥技术的改进

作物科学施肥是保证作物不同生育阶段对营养需求、培肥地力、提高产量和改进品质的重要措施。取得的主要研究成果有：①主要农作物的需肥规律、作物对养分吸收的动态和数量。②施肥与环境条件的关系，包括肥料性质、土壤肥力、水分状况以及气候因素等。③施肥时期、次数和方法。确定农作物施肥的基本原则：无机与有机结合；基肥为主，追肥为辅；化肥为主，有机肥为辅；氮肥为主，磷钾肥为辅；等等。④施肥诊断技术，包括叶色诊断、株型诊断、营养诊断和根系诊断等。⑤配方施肥，即根据作物需肥规律、土壤供肥能力和肥料成分，设计获得预期产量所采用的施肥数量和氮、磷、钾适宜比例。农作物配方施肥的研究成果推广在减少化肥用量、增产增益上发挥了积极的作用。

（四）节水灌溉技术

作物节水灌溉技术包括灌溉节水技术、节水制度、区域水资源平衡节水措施的综合配套应用。长期以来发展形成了 4 种节水灌溉类型：①水层湿润与晒田结合灌溉型；②长期水层与晒田结合灌溉型；③长期水层灌溉型；④干湿灌溉型。有灌溉条件的旱田作物，采用畦灌和沟灌方式，能够不同程度地节约用水；经济作物采用喷灌、滴灌和雾灌技术，可增产 5%~20%，节约用水 50%以上。节水技术研究的主要成果有：①缩小灌溉湿润层深度。根据作物根系集中分布区把灌溉层深度从 80~100 cm 缩小到 50~80 cm。②降低适宜土壤水分指标。通过对主要作物产量形成与土壤水分含量关系的研究，将适宜下限降低 20%~30%。③利用深层土壤苦水，用以补偿浅水层水分不足。④根据作物需水规律和降水特点进行补充灌溉。还有，综合考虑上述指标，制订农作物高产节水的规范化灌溉实施方案。

（五）旱地农作技术

我国无灌溉条件的旱作面积约占耕地的一半，年降水量仅 250~500 mm。蓄住天上水，保住土中墒，最大限度地蓄水保墒和提高水分利用率，是旱作农业增产的关键。围绕旱作栽培的蓄水和用水过程，将工程措施与生物措施相结合，研究形成了以纳雨蓄水为主的耕作技术，达到以土蓄水、增肥保水、水肥保苗、壮苗根深、以根调水、开发利用深层水、提高自然降水利用率以实现旱作稳产高产的目的。主要旱作农业措施有修筑梯田、深层耙压、节水播种、合理轮作、应用化学抗旱制剂等。科研人员根据农民的长期实践，研究总结出丰富的旱作经验，如沙田、境田、露水聚肥改土耕作法，以及耕耙盖格、整地保墒技术和旱作综合栽培技术。

（六）农作物覆膜栽培

农膜覆盖栽培从20世纪70年代引进我国，首先在园艺作物上应用，显示出很大的增产效果，并为冷凉地区和大城市缓解了瓜菜周年供应矛盾；80年代后覆膜栽培迅速扩大，其发展特点是从经济作物扩展到大田作物，从高寒丘陵发展到沿海平原，从北方向南方拓展，特别是在无霜期较短的西北和南方丘陵地区，农作物覆膜栽培增产在一倍以上。主要研究内容有：①覆膜栽培的生态效应，包括热效应，覆膜土壤比露地一般增温2~4℃；水效应，覆膜栽培有良好的保墒、提墒以及稳定土壤水分的效果；二氧化碳效应，覆膜地比露地表面二氧化碳含量高一倍以上；养分效应，覆膜栽培促进微生物活动，加速矿质营养转化为速效态，有利于作物根系吸收。②覆膜栽培对作物生长发育和产量的影响。③不同海拔高度覆膜栽培的适应范围。④铺膜机械研制与应用。

（七）农作物化控技术

长期以来，人类根据取食植物部位的不同，采取人工措施促进或控制农作物生长发育，如抑制水稻分蘖、玉米去雄、大豆摘心、棉花整枝、烟草打尖等，以获取较高的经济产量。20世纪80年代以来，农作物化控技术快速发展，它是在农作物生育过程中施用植物生物调节物质，调节植物生长发育，协调器官生长平衡，以达到农作物高产和高效的目的。农作物化控栽培主要有以下特点：一是措施的可调控性，可根据施用时间和剂量实现促进或控制的目的；二是技术的综合性，化控技术往往与施肥、水分管理等措施结合使用；三是使作物管理更接近目标设计可控程序的工程。通过化控栽培可弥补传统栽培方法的不足，塑造植物的理想个体造型和群体发育过程，如高秆变矮秆、晚熟变早熟、促进花芽分化、疏花落果等，从而可突破速生、密植、多熟的极限。

（八）农作物规范化栽培

农作物规范化栽培，就是运用系统工程原理和计算机模拟技术，组装配套最佳栽培技术措施，按程序设计实现作物最佳生长，以达到最大的产量和经济效益。农作物规范化栽培在我国的水稻、小麦、玉米等粮食作物和棉花、油菜等经济作物上广泛应用，如水稻和小麦的群体质量栽培，对作物增产起了重要作用。它标志着我国作物栽培从以经验指导为主转向以科学指导为主，从侧重单项技术转向运用综合栽培技术，从以定性研究为主转向定性与定量研究相结合，注意宏观控制与微观调节相结合，从而使作物栽培研究发展到一个新阶段。农作物规范化栽培有三种形式：①指标化栽培。在总结多年大面积丰产经验的基础上，根据作物生育进程提出高产的植株形态和生理指标以及调控措施。②规程化栽培。根据目标产量指标优化栽培技术并集成配套，进而大面积推广应用。③模式化栽培。综合作物生长发育指标和单项技术，运用系统工程和计算机技术，建立农作物生育进程和高产栽培模型，指导大面积作物生产。

（九）农作物高产栽培及其机理研究

作物高产栽培技术及其机理研究的成果，为农作物高产高效栽培奠定了理论与技术基础。作物高产栽培的主要研究内容有：①农作物生长发育规律。研究在高产条件下作物的生长发育进程、叶面积的动态消长、干物质积累和分配以及器官建成的同伸关系。20 世纪 80 年代在此项应用理论研究成果的基础上，先后提出了水稻叶龄发育模式、小麦叶龄指标促控法以及玉米按叶龄促控管理技术等。②农作物产量形成规律与源、库、流关系的研究。研究作物产量形成过程的生态环境条件，群体穗、粒、重决定时期及其对产量形成的作用，源、库、流的合理比值和促控调节。③农作物群体结构及提高光能利用率的研究。重点研究作物群体发展的自动调节和反馈机理、群体冠层结构（株型、叶面积、叶角、叶片空间取向及发展动态等）与光能利用效率、群体整齐度对个体生长和产量的影响。④农作物需水需肥规律的研究。研究农作物高产需水特点和需水规律，作物对主要营养元素的吸收、积累和动态分配规律，作物高产需肥指标和比例，作物品种耐肥性研究以及高产栽培的营养诊断技术。⑤农作物落花、落铃、落果的机理和调控技术研究。

四、作物栽培科学的发展特点与趋势

展望未来，我国作物栽培科学发展的特点和趋势是：传统精细农艺与现代科学技术结合，根据市场需要，调整作物结构和布局，向区域化、专业化生产发展；采用先进的适用栽培技术，注重自然资源的利用和保护，实现作物生产的可持续发展；大面积地建设高产高效农田，积极发展减工节本的轻型（简）栽培技术和有机农业，实现作物生产的优质、安全和高效。

（一）根据市场需要，调整作物结构和布局

商品农业以高产、优质、高效为发展目标。因此，必须以市场需要为导向，改革种植制度，调整作物结构和布局，最大限度地满足社会经济快速发展的新形势下对农产品的需求。调整作物结构和布局的原则如下：

1. 妥善安排粮食作物、经济作物和饲料作物的比例

为适应国内、国外两个市场的需要，特别是发展畜牧业的需要，既要确保粮食产量稳定增长，积极发展多种经营，又要促进养殖业的发展。因此，必须合理安排粮食、经济、饲料作物的种植比例，实行人畜分粮、粮饲分营，改变饲料长期依附于粮食的被动局面，使粮食作物的生产和加工成为一个独立的产业，以适应逐步形成的种植业、养殖业、加工业全面发展的格局。

2. 有计划地扩大名、优、特、稀作物和品种的种植面积

名、优、特、稀作物和品种有助于改善人民生活、扩大外贸收入。由于受自然条件的制约，这些作物生产有一定的制约性，要因地制宜，在该产品资源优势区建设独具特色的规模商品生产基地，以优、鲜、新、特多样化满足人民生活需要，并逐步走向国际市场。

3. 重视资源利用和市场统一，大力推广多熟、高效种植模式

例如，粮—果—菜、粮—油—饲和种养结合等生产方式，进一步搞好综合配套技术，发展适度规模经营，有效利用光、热、水、土、气自然资源，充分挖掘耕地生产潜力。

（二）增加复种指数，扩大间套复种面积

我国人口多、耕地少。在过去的半个多世纪里，我国农业依靠增加复种指数，发展精细农艺，提高农作物单位面积产量和总产量。今后，我国种植制度改革应仍以提高土地利用率为中心，合理利用土地资源，增加复种指数，其理由是：①人均耕地越来越少，后备耕地资源不多；②宜复种的土地一般基础较好，不必从头搞起，因而投资少、见效快；③多熟地区人口多，劳力资源多，交通方便，经济较发达，有利于复种。

（三）采用先进适用栽培技术，挖掘耕地潜力

作物耕作栽培技术，实质上标志着一个时期人类对自然条件和作物生长的控制程度以及社会经济发展水平。我国农业生产特点决定了需采取适用耕作栽培技术。所谓适用技术，就是在一定社会经济环境和自然条件下，劳动者能够获得作物高产、高效的技术。先进技术和适用技术既有联系又有区别。先进技术是当代对农业生产起主导作用的技术，它可能成为当时当地的适用技术，也可能不是，这主要取决于运用技术的时间、地点、环境和条件。随着科学技术的进步，适用技术将不断被赋予新的内容，如通过生物工程技术培育的优异种质材料，仍需通过常规育种手段育成新品种，需要适用技术发挥它的增产潜力。此外，需要综合运用良种良法配套技术，包括施肥技术、节水灌溉技术、设施栽培技术、化控技术和农机作业技术等。

（四）建设高产高效农田，实现增产增收

我国农业生产的特点决定了农业集约化经营和高产高效的发展方向。因此，必须有计划地建设高产高效农田，即建设标准化农田，并推广综合配套技术，增加物质能量投入，从而不断提高土地利用率和劳动生产率。

通常情况下，高产出是在高投入基础上获得的。随着物质投入的增加和采用适宜的耕作栽培技术，高产量和高效益（包括经济效益、肥料效益、灌水效益、能耗效益）完全可以同步增长。我国耕地以产量高低划分，中、低产田占耕地面积的 2/3 以上。建设高产高效农田的重点应放在低、中产田上，使中产田变高产田，低产田变中产田，从而显著提高全国耕地的平均生产率。

第二章　小麦作物栽培技术

我国小麦以冬小麦为主。小麦在中国种植区域广泛，从南到北、从平原到山区，几乎所有农区无不栽培小麦。中国小麦的种植面积和总产量仅次于水稻，居中国粮食作物第二位。小麦是中国北方人民的主食，自古就是滋养人体的重要食物。小麦营养价值很高，所含的 B 族维生素和矿物质对人体健康很有益处。

第一节　小麦栽培的生物学基础

一、小麦的一生

小麦的一生是指从种子萌发到产生下一代种子的整个生命周期。在这个周期中，需要经历几个不同的生育阶段，陆续形成小麦的根、茎、叶、分蘖、穗、小花、籽粒等各部分器官。这一系列器官的形成、发育，是小麦植株内部生理变化在外部形态上的反映。这些器官的形成有一定的顺序，通过个体的发育和群体的发展，最后形成产量。

（一）生育期和生育时期

小麦从出苗至成熟所经历的天数称为生育期。小麦生育期的长短因纬度、海拔、品种、播期及种植制度等不同而异。如冬小麦生育期短的只有 120 天左右（海南、广东），长的可达 330 天以上（西藏）；春小麦生育期短的为 70 天左右（东北），长的为 150 天以上（青海）。

在栽培实践中，根据器官建成的顺序和外部形态特征的显著变化，可把小麦的整个生育期分为若干生育时期，如出苗期，三叶期、分蘖期、越冬期、返青期、起身期（生物学拔节）、拔节期（农艺拔节）、孕穗期、抽穗期、开花期和成熟期等。

春小麦没有越冬期、返青期和起身期。小麦的每一生育时期，因年份、地区、品种和栽培条件的不同，而出现的时期及持续时间的长短都有一定的差异。

（二）生育阶段

从栽培角度出发，可把小麦一生各器官的形成过程，结合生育时期概括为三个生长阶段。

小麦在营养生长阶段，冬麦主要是分蘖、长叶、盘根，春麦则是分化茎叶、蘖芽和形成初生根系；在并进生长阶段，幼穗分化，根、茎、蘖、叶继续生长；在生殖生长阶段，主要是开花受精、籽粒形成和灌浆成熟。三个阶段决定着小麦穗数、粒数、粒重的形成，它们之间既有连续性，又有阶段性，前一阶段是后一阶段的基础，后一阶段是前一阶段的发展。三个阶段由于生长中心不同，栽培管理的主攻方向也不一样。

二、种子发芽与出苗

（一）发芽

小麦发芽的快慢与好坏，受水分、温度、氧气等条件的影响。在田间条件下，麦粒吸水达其干重的45%~50%时，就能顺利发芽。当土壤水分为田间持水量的70%~80%时，发芽最快，低于50%时发芽困难，必须灌溉。小麦发芽的最低温度为1~2 ℃，最适宜温度为15~20 ℃，最高温度为30~35 ℃。当日平均气温低至3~5 ℃，播后种子以萌发状态在土里越冬，称为“土里捂”。小麦发芽时需要足够的氧气，但在长期阴雨、排水不良、表土板结或播种过深等情况下，容易造成缺氧而不能发芽，甚至烂种。

（二）出苗

小麦出苗的快慢和好坏，受播种后的温度、土壤水分、整地质量、覆土深度等条件影响很大。在一般情况下，小麦自播种到出苗所需积温为120 ℃左右。土壤湿度为田间持水量的70%~80%时，出苗快；低于60%时，出苗不齐。当土壤含盐量在0.25%以上时，出苗率显著降低；含盐量达0.4%时，小麦种子即失去萌发能力。播种过深，出苗慢，易形成弱苗；过浅也影响出苗，不利于分蘖、长根和安全越冬。播种时种肥施用不当，也影响麦种的正常发芽与出苗。

三、根的生长

（一）根系的形成与生长

1. 根系的组成

小麦的根系属须根系，由种子根（又叫胚根、初生根）、次生根（又叫节根）组成。

（1）种子根的形成与生长

种子根由胚根发育而成。种子发芽时，从胚轴下部首先伸出的是主胚根，经过2~3天，又从胚轴基部长出第一、二对侧根，有时还会从外子叶内侧长出第6条根，这几条根统称为种子根。

（2）次生根的形成与生长

小麦次生根在分蘖开始以后，从分蘖节上由下而上发生。在适宜的环境条件下，一般主茎每生长一个分蘖，就在该分蘖节上生出1~2条次生根，它们都属于主茎。当分蘖本身具有三片叶以后，在分蘖基部也能直接生出次生根。具有四片叶的分蘖可以形成自己的次生根系，进行独立营养。所以，分蘖多的麦株，根系也较发达，最深可达40~80 cm。春后发生的次生根，入土较浅。

2. 根系在土壤中的分布

小麦根系主要分布在0~40 cm的土层内。一般0~20 cm耕层内的根量占全部根量的70%左右，20~40 cm土层内的约占20%，40 cm以下土层内的约占10%。在浅耕的情况下，根系主要分布在0~15 cm或20 cm的耕层内，因此不能很好地利用耕作层下的养分。打破犁底层有利于小麦根系的发育和垂直分布。根系的垂直分布还与土壤结构、水分和养分状况等有关。

（二）影响根系生长的因素

影响小麦根系生长的因素，可分内、外因两个方面，内因主要是品种及种子大小，外因主要是温度、土壤水分、营养条件和播种密度等。

冬性品种生育期长，分蘖力强，次生根发生快而多，反之则少。种子大小既影响初生叶片的大小，又影响种子根的多少，继而影响幼苗的生长和次生根的形成与发展。大粒种子是形成强大根系的先决条件。

小麦根系在1~2 ℃时能够生长，但在16~20 ℃时生长最快，超过30 ℃的生长受到抑制。在低温条件下，根的生长可超过地上部，但温度升高后地上部的生长要比根部快。小麦播种早晚对根系生长有明显的影响。冬麦晚播，由于温度低，分蘖少或不发生分蘖，以致次生根减少，甚至冬前不发生次生根；春麦适期早播，根系可在较低的温度下开始生长，营养生长时间延长，次生根增多，有利于生长发育。

不论种子根或次生根，只有处在适宜的土壤水分条件下，才能发根和良好生长。适于根系生长的土壤水分为田间持水量的70%左右。土壤干旱，水分不足，种子根生长缓慢，次生根生长差或停止发生。土壤水分过大、空气不足，根系生长受阻，甚至部分根系死亡，造成湿害黄苗。灌溉麦田如采用小水勤浇，根系分布较浅，表层根量所占比例大；反之，有助于根系深扎。

壤质土最适宜根系生长，根粗壮而发达；黏质土上根细长而分枝多；沙质土上根少、粗短、分枝少。

适量氮肥能促进根系生长，根重、根量比不施肥的和少施肥的均显著增加。但氮肥过多，叶片和分蘖生长过旺，糖分大量消耗，向根部运输的糖分相对减少，根的生长量相对减弱，造成地上部和地下部不平衡，以致发生倒伏，影响产量。磷肥能促进根的生长点细胞分生和生长，早施磷肥，能促进根系生长和发生分枝。如果土壤缺磷，次生根发生少，长得慢，不伸展，短而粗，即使施用较多氮肥，麦苗仍瘦弱。生产上采用氮、磷肥配合施用，能显著促进根系生长，增产效果更好。施用钾肥也可促进根系发育。小麦根系具有明显的趋肥性，通过对不同土壤层次施肥，可看到相应的施肥层中根系数量大增，甚至形成“根团”。因此，适当深施肥能引导根系向深层发展，这在生产上有一定的意义。

光照强弱对根系的生长影响很大。光照强度愈低，根系生长愈差。从分蘖到拔节期，遮阴对根系生长有明显的不良影响。播种过密，麦株的营养面积小，光照不足，叶片光合作用降低，向根部运输的糖分少，根系生长受阻。光照不足也是造成根部倒伏的因素之一。但在一定的密度范围内，群体根系的总量仍有增加。因此，合理密植，改善通风透光条件，是调节根系生长的重要措施。

深耕能有效地促进根系生长和下扎，如结合增施有机肥和氮、磷肥，效果更好。

在小麦栽培过程中，必须重视促进幼苗根系的生长，培育根多、根粗、根深的壮苗，为中后期生长发育打好基础。在措施上，除上述几项外，还必须抓好平整土地、治理盐碱、精细整地和加强田间管理，为根系生长创造良好的环境条件。

四、叶的生长

（一）叶片的生长

1. 叶片数和叶面积

小麦主茎叶数，因品种和播种期不同而差异较大。一般地说，冬性品种叶数较多，半冬性品种次之，春性品种叶数较少。北方小麦早播的，由于营养生长期较长，主茎叶数较多；南方小麦晚播的，主茎叶数较少。在适期播种的条件下，我国北方冬小麦品种主茎叶数为 12~14 片，其差异主要是冬前的叶片数，早播者多至 6~7 片，晚播者只有 2~3 片，甚至更少。然而，无论播期早晚，主茎春生叶片数大致相同，一般为 6 片（少数中晚熟品种多为 7 片）。春小麦主茎叶片数除受播期影响外，还与熟期类型有关，晚熟品种最多可达 10 片，早熟品种最少为 6 片，一般为 7~9 片。在土壤干旱或缺氮肥的情况下，主茎叶片数也会少些。各分蘖茎的叶片数依次少于主茎叶片数。

不同蘖位叶片随着蘖位的提高，叶面积逐渐减小，通常以主茎叶面积最大，而春小麦由于分蘖时间短，其主茎叶面积所占比重更大。小麦出苗后，不论主茎、分蘖，一般发生愈晚的叶位叶面积愈大，而冬小麦越冬前后和返青时最早长出的叶片叶面积较小（主要受温度影响）。一般品种叶片都是倒二叶最长、叶面积最大，倒一叶（旗叶）最宽。春小麦主茎各叶叶面积由下向上依次增大，而且分蘖以后主茎发生的叶片，叶面积增大更为显著，特别是顶部三片叶，不比冬小麦小，甚至超过一般冬小麦品种，这就是保证了春小麦生育期虽短，但穗部发育并不比冬小麦差的重要生物学原因。拔节期至孕穗期是长叶的主要时期，随着茎秆的生长，叶面积也迅速扩大，抽穗前达到高峰，以后开始下降，此期叶面积的增长量占一生中的 60%左右。

2. 叶片的生存时期

小麦在生育过程中，主茎各层叶片及其相应的同伸叶片，顺节位由下而上逐层伸展、定型及衰亡，并重叠交替进行，各叶片自露尖伸出到枯衰的持续时间为叶片生存期。其中，从叶尖露出到定型（定长）为成长期（伸展期）；自定型到开始变黄（即衰亡起点）为功能期；以后进入衰亡期，直到叶片面积变黄达 30%左右时，叶片功能发生质的变化，光合强度下降到产生的光合产物不能维持呼吸作用的消耗，同化结构破坏，谓之“死亡点”（即衰亡终点，叶片基本枯黄）。只有在功能期内，叶片才有光合产物输出。处在功能期的叶片，叫作功能叶。一株小麦各叶片出现的间隔日数为 4~9 天，每叶自露尖到定型为4~12天，多数为6~10天。各叶片生存期的长短有明显的差异，这主要是由气候(包括播期)、土壤、肥水条件不同所致。冬小麦一般在冬前定型的叶片多在越冬期间相继枯死，生存时间较短；冬前未定型的心叶跨越冬、春两季，生存时间长；春生叶变化不大，一般为45~55天。故冬小麦各叶片的生存期大致变动于25~75天。春小麦生育时期短，没有越冬过程，叶片产生较为集中，叶片生存期不及冬小麦变化大，多为30~45天。

（二）叶的功能

根据叶片发生的时间、着生部位和功能可分为两个功能组。

1. 近根叶组

着生在地下部分蘖节上的叶叫近根叶，呈丛生生长，冬麦为出苗至起身期出生的叶片，春麦为苗期出生的2~4片叶。其主要功能是在拔节前供给根、分蘖、中上部叶片的生长及幼穗早期发育所需的光合产物。

2. 茎生叶组

着生在地上茎节上的叶叫茎生叶，可分为上部叶和中部叶。中部叶是除旗叶及倒二叶以外的叶，为拔节前后出生的叶片，这部分叶片在拔节至孕穗期定型。其主要功能是供给下、中部节间伸长和充实，上部叶片的形成和幼穗进一步发育所需的光合产物。

五、分蘖的生长

（一）分蘖的作用

1. 分蘖穗是构成产量的重要组成部分

单位收获穗数是由主茎穗和分蘖穗共同构成的。在一般大田生产条件下，分蘖穗占30%以下，而高产田可达50%以上。分蘖成穗数多少和分蘖成穗率高低，可作为小麦生长条件和栽培技术水平高低的重要标志之一。

2. 分蘖是壮苗的重要标志

单位面积穗数相同或相近时，以基本苗少、单株成穗多者产量高。分蘖多容易形成较多的次生根，扩大植株营养吸收范围，促进地上部分生长。即使有的分蘖中途死亡，而已形成的根系仍能继续供给主茎和其他分蘖生长。因此，有分蘖的植株，生命力强，能为增产打下基础。

3. 分蘖是环境与群体的“缓冲者”

小麦对环境条件的适应性以及小麦群体的自动调节作用，在很大程度上是通过分蘖来进行的。分蘖对环境条件变化反应比主茎敏感。在良好的条件下，麦田基本苗多少有时相差悬殊，但由于通过分蘖群体自动调节作用，最后的茎蘖总数常常是很接近的。在生产上通过播种密度和肥水措施对小麦个体和群体进行促控，很大程度上也是通过分蘖进行调节的。

4. 分蘖有再生作用

如果小麦的主茎遭到病虫、冰雹、冻害等不良条件而损伤时，即使分蘖期已结束，只要条件适合，仍可再生新蘖并形成产量。

5. 健壮的分蘖节有利冬小麦安全越冬

小麦越冬前糖分在分蘖节及叶鞘中积累，胞液浓度增大，冰点下降，不易结冰造成伤害，因而健壮的分蘖节可以抵抗和忍耐较低的温度，有利于小麦安全越冬。

（二）分蘖节的形成

1. 分蘖节的构成及特性

小麦的分蘖发生在地表下的分蘖节上。分蘖节是由麦苗基部（地下部）不伸长的节、节间、腋芽等紧缩在一起构成的节群。

北方冬麦区，冬麦在冬季常发生冻害，植株地上部分受冻死亡，但只要分蘖节没有冻坏，返青后麦苗仍可萌发新的分蘖和次生根而继续生长。所以在寒冷地区，保护分蘖节不受冻害，是麦苗安全越冬的关键。

2. 分蘖节的深度

分蘖节一般在三叶期出现，分布在地表下2~4 cm处，但因品种和播种深度不同而有差异。如播种较深，胚芽鞘和第一、二叶间的茎分化组织活动，形成地中茎使分蘖节调节到适宜的位置。分蘖节太浅，容易受冻、受旱，次生根生长不良，易发生倒状，以致造成死苗；分蘖节的节间也会伸长，造成分蘖缺位，形成弱苗。因此，分蘖节的深度以2~3 cm为宜。

在分蘖节的每一个节上，都可着生一片叶、一个蘖芽和几条次生根。分蘖和次生根的发生，有一定的相关性。

（三）分蘖的发生过程

1. 小麦的分蘖

因发生位置不同可分为三种：①从胚芽鞘腋里长出来的分蘖叫芽鞘蘖（胚芽鞘分蘖），它在主茎出生第三叶时就发生，为最早出现的分蘖，一般大田很少发生或不发生。②从各分蘖鞘蘖里长出来的分蘖叫分蘖鞘分蘖，成穗的可能性小，只有在肥水条件好的田块才有可能发生。③从各叶片（包括主茎叶和各分蘖叶，即完全叶）蘖里长出来的分蘖叫普通分蘖。

2. 影响分蘖发生的因素

（1）品种特性

小麦分蘖力的高低是遗传性表现，不同品种分蘖力不同。一般地说，冬性品种分蘖能力强。在同一生态品种之间，由于对外界环境条件反应敏感程度不同，分蘖也有较大差异，如独秆麦属冬性类型，但分蘖能力很弱，而甘肃 96 号属春性，分蘖力却很强，甚至超过独秆麦。

（2）温度

在 2~4 ℃的低温条件下，分蘖能缓慢发生；6~13 ℃发生速度较快，而且生长健壮、平稳；14~18 ℃时发生速度最快，数量多，但易徒长倒伏；温度再高，分蘖受到抑制，生长缓慢。

（3）养分

分蘖发育需要大量的可溶性氮素及磷酸，苗期、分蘖初期施用氮肥特别是氮、磷配合做种肥，对促进分蘖有良好的作用，尤其在北方大面积瘠薄地上对促进早期分蘖，培育壮苗，作用十分显著。施用基肥和苗肥还能使小麦分蘖期提前，冬前分蘖的比例增大，最后单株成穗率提高。

（4）土壤水分

最适于分蘖生长的土壤水分为田间持水量的 70%~80%。土壤过于干旱，分蘖的发生和生长受抑；土壤水分过高则会使土壤缺氧而造成黄苗，分蘖迟迟不能生长。

（5）光照

光照对小麦分蘖的影响，在生产上主要表现为播种密度和播种方式的影响，苗稀单株营养面积大、光照条件好，分蘖能力强；反之，苗密、光照条件差，分蘖能力弱。在相同密度条件下，窄行条播分蘖多于宽行条播，更多于穴播。分蘖初期进行田间疏苗，对促进单株分蘖培育壮苗有积极的作用。

（6）播种质量

播种质量好坏是影响植株分蘖的重要因素。整地粗糙、土块大，麦根架空或整地时土块太湿，会影响植株扎根和分蘖。播种太深，苗弱，分蘖能力差；播种太浅，遇干旱时，分蘖处在干土层中，次生根生长困难，分蘖发生少。

六、茎的生长

（一）茎的形态

小麦的茎由地下茎和地上茎两部分构成。地下茎由 6~9 个节间不伸长的节构成，即分蘖节。地上茎由节和节间构成。小麦的主茎一般有 5 个地上节间，也有 4 或 6 个节间的，因品种、播期及栽培条件而异。节间长度，自下而上渐次增长，穗下节间为茎秆总长的 1/3~1/2，一般穗下节间长的穗头也较大。凡基部两个节间短而粗壮、茎壁较厚的，抗倒伏能力较强。小麦植株高矮，因品种和栽培条件而异。矮的在 60 cm 以下，高的达 150 cm 左右。目前生产上种植的品种，一般株距在 80~100 cm 之间。

（二）茎的生长

小麦茎原基早在幼苗生长锥伸长期已形成，茎上各节密集在分蘖节上，各节间尚未伸长。当茎基部第一节间伸长露出地面约 2 cm，用手摸到节时，叫拔节。各节间的伸长，有一定的顺序性和重叠性。节间伸长自下而上呈波浪式推进。各节间的生长速度，在正常情况下，自下而上递增，最上一个节间伸长最快。小麦的茎靠侧生分生组织的生长而增粗，茎壁厚度自下而上逐渐变薄。茎秆机械组织层以基部第一、二节间最厚；同一节间又以基部最厚，上部次之，中间最薄。这些特点，有利于抗倒伏。

小麦倒伏分为根倒和茎倒。一般根倒多发生在晚期，受损失较小；茎倒在早期和晚期均可发生，是倒伏的主要形式。茎倒伏愈早减产愈重，不仅影响产量，而且影响籽粒品质。拔节到孕穗期间倒伏一般可减产 20%~30%，严重的可达 50%以上。

倒伏小麦的恢复生长。小麦地上茎每一节节间的基部“关节”处都存在分化能力很强的居间分生组织，这些分生组织在幼嫩时期含有大量趋光生长素。因此，当小麦发生倒伏之后，由于趋光生长素的作用，茎秆从最旺盛的居间分生组织处向上生长，并在弯曲处形成木质化的结节，这种现象称为小麦的背地性曲折。倒伏时期不同，造成背地性曲折的部位也不同。小麦茎节的这种背地曲折特性，生产上可以加以利用，如高产田在起身或起身后碾压迫其背地曲折，使基部第一节间变短、增厚，株高降低，有利于防倒。倒伏麦田也可利用这一特性，令倒伏植株自行背地挺起；若因风雨造成倒伏，可分层轻轻抖落雨水，以利背地曲折特性的发挥，切勿扶麦捆绑。

（三）影响茎生长的环境条件

小麦茎秆的高矮，除品种外，受环境条件影响很大。

茎秆一般在 10 ℃左右开始伸长，伸长速度随气温的升高而加快；12～16 ℃下利于形成矮壮抗倒的茎秆；如果气温高于 20 ℃，则茎生长快，茎秆软弱，容易倒伏。

播种过密或拔节时群体过大，茎叶茂密，光照不足，湿度较高，昼夜温度变幅小，则基部节间过长，机械组织发育差，单位长度的重量减轻，抗倒能力降低。生产上要在合理密植的基础上，植株中部叶片应适度发展，保证茎秆组织分化期和茎基部节间伸长时有充足的光照条件和有机营养物质，使茎秆粗壮，防止倒伏。

氮肥不足，茎秆细弱；氮肥过多，叶片中游离氮多，光合产物糖类消耗于叶片本身合成蛋白质，致使中部叶片旺长，输送到茎内的同化产物减少，同时叶面积过大，相互遮阴，影响茎秆的充实。磷肥能加速茎的发育，提高抗折断的能力，但在氮肥过多的情况下，增施磷肥对抗倒的作用不大。钾肥促进叶中糖分向各器官输送，从而增强光合作用的强度。钾对原生质的理化性质如黏滞度、水化程度、弹性等有良好作用，有利于纤维素的形成，增强茎秆机械组织，使茎秆粗壮。追肥（主要是氮肥）的时间和施用量可根据各节间伸长时间及其影响因素，因苗因地制宜，以达到壮秆大穗、高产不倒的目的。

从拔节到抽穗，小麦需要充足的水分。但水分过多，不仅影响次生根的发育，使地上部与地下部失去平衡，并且在高肥条件下，易使茎叶徒长，茎的木质化程度减弱。生长势较旺的麦田，不宜过早浇拔节水。

在麦苗起身前后采取镇压、喷矮壮素等措施，对于控制茎秆生长，防止倒伏，都有一定的效果。

七、穗的分化和发育

（一）穗的形态结构

小麦穗属复穗状花序，包括小穗和穗轴两大部分。小穗相对互生在穗轴上，排列成两行。一个麦穗可形成12~20个小穗，通常每小穗有3~9朵小花，但一般仅有2~3朵小花结实。穗轴由多个短节片组成，呈曲折形。穗轴节片的长短，因品种而不同，穗密的节片短，疏的节片长。普通小麦的穗轴坚韧，成熟后不易折断。

（二）影响幼穗分化的环境条件

1. 温度

温度主要是通过对阶段发育的影响而对穗部发育产生影响。小麦在气温4 ℃以上才能进行光照阶段发育。但在10 ℃以下时，光照阶段进行缓慢，幼穗发育延长，小穗、小花数目增多，所以春季气温回升慢的年份穗子较大。如果气温高，则光照阶段发育加快，穗分化过程短，小穗、小花数目减少。但雌雄蕊分化形成以后则要求较高的温度，以16~20 ℃为宜，温度过低会增加不孕小花数。

2. 光照

短日照和光强不足都能延缓光照阶段发育和减慢幼穗分化速度。在短日照下，穗长和每穗小穗数都有所增加，有时也会产生分枝穗、复式小穗等穗部变异现象。随着日照加长，光照阶段发育加快，小穗、小花数目则有所减少。但在雌雄蕊原基形成阶段到四分体形成期，若光照强度不足，会产生不孕花粉和不正常的子房，引起小花大量退化。

3. 水分

穗分化期间对土壤水分反应比较敏感，最适宜的土壤水分应保持在田间持水量的70%左右。若水分不足，会加快幼穗分化进度，穗部性状相应变劣，但不同时期干旱对穗部位的影响不同。单棱期水分不足，麦穗变短，每穗小穗数减少；二棱期遇旱，每穗小穗数也减少，但其影响程度比前期为轻；小花分化期水分不足，小花数减少；雌雄蕊分化期以后水分不足，小花结实率下降；四分体形成期对水分要求最为迫切、反应最敏感，称为需水“临界期”，如水分不足，会引起部分花粉和胚珠不育，结实率显著下降。

4. 养分

幼穗分化期间需要充分的养分。氮肥能延长穗分化持续时间，提高穗分化强度，使穗部器官的数目增多。在二棱期以前施用氮肥，可使生长锥分化组织活动时间延长，促进小穗和小花形成；小花分化期以前施用氮肥，能增加小花数；雌雄蕊原基分化期以至药隔形成期追施氮肥，可减少小花退化，增加穗粒数。这时期缺氮，能使麦穗短小，产量降低。试验证明，拔节期施用氮肥，对提高有效分蘖率、结实小穗数、穗粒数等有显著作用。但是氮肥过多，植株徒长，碳氮比失调，造成贪青，反而对小花发育不利。

小花退化集中在药隔期至四分体形成期。已形成四分体甚至花粉粒的小花，由于环境不利，花粉粒或胚珠会发育不良，最终形成不育小花。这类败育小花，如能及早采取措施，可以争取成粒。

磷肥能增加穗部各器官的分化速度和强度。尤其在药隔形成期至四分体形成期，氮磷供应协调，利于性细胞正常发育，从而减少退化，提高结实率；灌浆期缺磷，会影响氮和糖类的代谢，阻碍正常灌浆速度。

钾肥有助于壮秆、大穗，缺钾还会影响小麦对氮的利用，使之生长迟缓，穗发育不良。早期缺钾影响更大，如果从分蘖期就缺钾，麦株始终不发育，不能形成茎、穗和籽粒。

八、抽穗、开花、结实

小麦抽穗开花以后，籽粒开始形成、灌浆直至成熟，为开花结实期。这是决定麦粒产量的关键时期。

（一）抽穗、开花、授粉、受精

当幼穗分化完毕，旗叶完全伸出后，穗轴迅速伸长，穗的体积增大，植株进入孕穗期。随着最上一节间的伸长，麦穗被送出旗叶叶鞘，当麦穗从旗叶鞘中伸出一半时，称为抽穗。通常在挑旗后10~14天抽穗，而全田的抽穗期延续6~7天。

当麦穗中部花开放、花药露出时，叫开花。小麦一般在抽穗后2~4天开花，全田花期一般为6~7天。

小麦开花时，部分花粉落在花的柱头上，进行自花授粉，自然杂交率一般在5%以下。开花时高温能引起不孕，受精最适宜温度是18~24 ℃，最低温度为10 ℃，最高温度为32 ℃。开花时多雨，空气湿度过大，能引起花粉粒吸水膨胀而破裂死亡，降低结实率。

（二）籽粒的形成与成熟

小麦从开花受精到籽粒成熟所经历的天数，因地区气候条件不同而差异很大，一般为30~38天。长则可以延续到50~70天。

1. 籽粒的形成过程

小麦花朵受精后，柱头枯萎，胚和胚乳开始形成，子房迅速膨大，约两天形成灰白色、无光泽的倒锥形体，称为坐脐。从坐脐起到多半仁止，为籽粒形成期，历时9~13天，这段时间是胚与胚乳的形成时期，此期间籽粒先长长，后长宽增厚，当长度达到最大值的3/4时，宽度、厚度才加快增大，麦粒外形基本形成，称为多半仁。籽粒形成期含水量处于增长阶段，干物质积累少，含水率达70%以上，千粒重日增长量为0. 4~0. 6g，用手指可挤出稀薄而稍黏的绿色液体。当籽粒由灰白色逐渐变成灰绿色、胚乳由清水状变成清乳状，胚即具有发芽能力。此后籽粒开始大量积累养分，进入灌浆成熟期。

在籽粒形成过程中，环境因素对穗粒数影响较大，并影响籽粒的“容积”。所以，籽粒形成期是最后决定穗粒数的关键时期，也是决定籽粒（容积）大小的重要时期。

2. *籽粒的成熟*

小麦籽粒成熟可分为两个过程：

（1）灌浆过程

籽粒从多半仁到面团期为灌浆过程，历时20天左右。这个过程包括乳熟期和面团期，是干物质积累的主要过程，籽粒含水量处于平稳阶段。

①乳熟期

从多半仁到顶满仓，称为乳熟期。这时植株下部叶片和叶鞘变黄，中部叶片也开始变黄，上部叶、茎、穗仍保持绿色，麦粒呈绿黄色，表面有光泽，用手指可以挤出有淀粉粒的乳白色稠浆液。乳熟期是灌浆最旺盛的时期，在此期间，茎、叶等器官中的营养物质迅速地大量地向籽粒运送，籽粒干物质成倍增长，千粒重日增长量（即灌浆强度）达到1.0~1.5 g，最高可达2 g左右，是粒重增长的主要时期。当籽粒体积达到最大值时称为“顶满仓”。顶满仓以后，籽粒进入乳熟末期，籽粒鲜重达最大值，含水率由70%降至45%左右，胚乳由清乳状变成炼乳状。在乳熟期间，籽粒中含氮化合物的积累速度比糖类的积累速度快，含氮物的积累可达麦粒总含氮量的70%~80%，糖类积累量可达50%~60%。乳熟期一般为15~18天，在气温低、湿度大的条件下还可适当延长。乳熟期愈长，积累的养分愈多，籽粒愈饱满。在高温干燥条件下，乳熟期缩短，积累的养分少，籽粒瘦小。

②面团期

此期很短，一般只有3~4天。也有的把面团期划入成熟过程，称作糊熟期。这是一个灌浆和成熟的过渡时期。此期籽粒干物质积累由快转慢，胚乳成面筋状，体积开始缩小，籽粒呈黄绿色，失去光泽。当含水率从45%继续下降到38%左右，胚乳由炼乳状变成面筋状，灌浆过程即告结束，上部叶片与茎、穗开始变黄。

（2）成熟过程

包括蜡熟和完熟两个时期：

①蜡熟期

本期历时5~7天，大部分籽粒全部变黄（个别的腹沟处稍绿），称“软化”，含水率从38%急剧下降到22%左右，为缩水阶段，胚乳由面筋状变为蜡质状，故称蜡熟期，又称为农艺成熟期。这时麦穗变黄，有芒品种芒未炸开，穗节处微带绿色，穗下节间黄而有光泽，叶片、叶鞘变黄而未干枯，茎秆全黄唯穗颈着生节的附近稍带绿色，仍有弹性。此时茎、叶等器官中的营养物质仍继续向籽粒输送，籽粒中的可溶性物质大量转化为不溶性的贮藏物质；到蜡熟末期，粒重达到最大值，为收获适期。

②完熟期

本期籽粒含水率下降到20%以下，干物质积累停止，体积缩小，变为“硬仁”，表现出成熟种子的特征，植株全部干枯。此期很短，仅3~4天，如在此期收获便为时过晚，不仅易断穗、落粒造成损失，且因雨露淋浴和呼吸消耗，籽粒干重下降。

籽粒发育具有不均衡性。在小麦籽粒形成过程中，不同小穗位及不同小花位籽粒的千粒重有明显差别。不同小穗位籽粒的千粒重一般是中部>下部>上部，即麦穗中部小穗籽粒的千粒重较下部的高3~5 g，较上部的高4~8 g；不同小花位籽粒的千粒重一般是2>1>3>4，即当一个小穗结籽3粒以上时，通常是第二粒的千粒重较第一粒的高2 g以上，第一粒的千粒重较第三粒的高4 g以上，较第四、第五粒的高8 g以上，表现出一个小穗结粒越多者，其大小越不整齐，如为2粒小穗，则籽粒的千粒重是1≥2。不同小穗位及不同小花位籽粒千粒重相差明显的原因，一是它们之间的开花日期略有早晚，即结实期略有长短；二是优势粒位（或称大粒区）的灌浆强度较大。

3. 影响籽粒灌浆成熟的主要因素

籽粒灌浆的好坏对粒重和产量影响很大。灌浆好，籽粒大，产量高；反之，籽粒小，产量低。小麦籽粒灌浆的快慢与品种有关。同一地区、同一年份，不同品种之间的千粒重可相差5~15 g之多。除品种外，还受其他多种因素的影响。

（1）温度

温度对麦粒灌浆有明显影响。小麦灌浆的适宜气温为20~22 ℃。在17~25 ℃范围内，灌浆速度随气温的升高而增加，但灌浆日数却随气温的升高而缩短。小麦的千粒重受灌浆强度和灌浆日数的综合影响。昼夜温差大，白天光合作用积累的养分多，晚上呼吸作用消耗的养分较少，有利于干物质的积累，粒重较高。气温升到25 ℃以上时，虽灌浆加速，但失水过快，灌浆时间短，叶片提早衰亡，干物质积累提早结束，麦粒瘦小，产量降低。

当气温降低到 15～17 ℃时，籽粒灌浆成熟进程缓慢，灌浆时间长，粒重增大，但含氮量减低。当气温降到 12 ℃以下，光合强度下降，则籽粒灌浆不足。

（2）光照

光照不足影响光合作用，阻碍光合产物向籽粒中转移，降低灌浆强度，导致粒重下降。群体过大，中下部叶片受光不足也影响粒重的提高。

（3）水分

小麦灌浆期适宜的土壤水分为田间持水量的 75%左右，以利养根护叶，延长绿叶功能期，提高灌浆强度，增加干物质积累，并使籽粒保持较高的含水率。籽粒形成初期缺水，茎叶中的养分不能很好地运往籽粒，籽粒败育或瘪小。灌浆期间水分不足，特别遇到高温、干旱，上部叶片早衰，同化面积小，叶面蒸腾作用加剧，灌浆结束早，籽粒干瘪瘦小；但若土壤湿度过大，甚至造成田间渍水，导致根系生长不良或死亡，造成早衰逼熟，或者导致锈病发生和流行，籽粒灌浆不良，产量下降。

（4）矿质营养

小麦植株中的氮素有 30%左右是在籽粒开始形成时从土壤中吸收的。供给适当氮肥可以防止早衰，延长叶片功能期，有利于灌浆、增重，提高蛋白质含量。但氮肥过多，麦株吸收过多的氮素，过分加强了叶的合成作用，消耗很多的糖类物质，在体内形成大量蛋白质，叶色浓绿，引起贪青晚熟，输往籽粒的糖类物质显著减少，粒重降低，同时有增加倒伏的可能。

磷、钾可促进糖分和含氮物质的转移和转化，后期根外追肥，对籽粒灌浆成熟有利，但籽粒含氮量略有降低的趋势。

（三）提高粒重的途径

小麦的粒重取决于籽粒的容积和饱满程度。故提高粒重，需从以下四个方面来考虑。

1. 增加籽粒干物质的来源，即“增源”

小麦籽粒中干物质的来源主要有两方面，一是抽穗前茎秆、叶鞘中的贮藏物质，二是抽穗后各绿色器官形成的光合产物，前者不足 1/3，后者占 2/3 以上。而抽穗后干物质积累的多少，主要取决于一定时期内绿色面积的大小、功能期的长短和光合效率的高低。建立一个合理的群体结构，保护上部叶片，维持旺盛的生理机能，适当延长功能期，是非常重要的。如果群体过大，透光差，叶片早衰，或受病虫为害、干热风侵袭等，都会影响光合作用的正常进行，导致粒重降低。

2. 扩大籽粒容积，即“扩库”

籽粒容积的大小（即长、宽、厚度）是制约千粒重高低的重要因素，容积大（库大）才有可能“装下”较多的干物质。籽粒容积与籽粒形成过程中胚乳的发育有密切关系。如遇干旱或遇有其他不利条件，胚乳不能正常发育，则容积缩小。

3. 提高同化产物向籽粒的运送速度和输入量，即“畅流”

抽穗前，茎秆、叶鞘中的贮藏物质在灌浆期间要运往籽粒，抽穗后，刚形成的光合产物也必须及时运走，否则会影响光合作用的继续进行。因此，输导系统承担着繁重的任务。高产小麦必须具备发达的输导系统，一旦发生倒伏，不仅光合层遭到破坏，而且输导受阻，势必导致粒重下降。同化产物向籽粒的运转集中体现于灌浆过程，一是灌浆时间的长短，二是灌浆强度的大小。栽培上常采取措施，使灌浆时间相应地延长，做到起步早、结束迟、强度大。但灌浆过程若过长，其熟期也相应延迟，对大多数麦区来说也有不利，要达到既高产又早熟，应选择灌浆速度快、强度大的品种，并掌握氮肥用量，注意磷、钾肥的配合，适时适量浇水，提高灌浆强度，加快灌浆速度，做到养根保叶，活熟到老。

4. 减少干物质消耗，即“低耗”

昼夜温差大虽对光合产物积累有利，但受地区条件所限，非人力所能控制。但适期收获能够减少籽粒中已积累干物质的消耗。收获过早，籽粒不饱；收获过晚，粒重下降。因此时干物质已不再增加，而呼吸作用仍很旺盛，如果遇雨或露水较大，籽粒呼吸作用加剧，已积累的干物质不仅消耗于呼吸，而且会被淋走一部分。

第二节　小麦主要栽培技术

一、春小麦全膜覆土穴播节水栽培技术

（一）地块选择

选择土层深厚、土质疏松、土壤肥沃的条田、川地、塬地等平整灌溉土地，以豆类、麦类、油菜、胡麻等茬口较佳，马铃薯、玉米等茬次之。

（二）深耕蓄墒

前茬作物收获后深耕晒垡，熟化土壤，接纳降水，耙耱收墒，做到深、细、平、净，以利于覆膜播种。伏秋深耕即在前茬收获后及时深耕灭茬，深翻晒土，以利保墒，耕深25~30 cm；覆膜前采用旋耕机浅耕，耕深18~20 cm，然后平整地块，做到“上虚下实无根茬、地面平整无坷垃”。玉米茬口地最好先深耕捡出玉米根茬，再采用旋耕机浅耕后镇压，以打破犁底层及破碎玉米根茬。

（三）施肥

全膜覆土穴播一次覆膜连续多茬种植时应重施有机肥、施足化肥。结合最后一次整地施入优质腐熟农家肥45~75 t/hm^2、N180~240 kg/hm^2、$P_2O_5$120~180 kg/hm^2，缺钾土壤适当补充钾肥。

（四）土壤处理

对地下害虫为害严重的地块，用50%辛硫磷乳油7.5kg/hm^{2}或48%毒死蜱乳油7.5 kg/hm^2，加水75 kg，喷拌细沙土750 kg，制成毒土于旋耕前撒施。

（五）地膜选择

选择厚度为0.008~0.01 mm、幅宽为120 cm的抗老化地膜，用量90 kg/hm^{2}左右。

（六）覆膜覆土

覆膜与膜上覆土一次性完成，覆膜时间依据土壤墒情而定。如土壤湿度大，应在翻耕后晾晒1~2天，然后耙耱整平覆膜，以免播种时播种孔（鸭嘴）堵塞。覆膜后要防止人畜践踏，以延长地膜使用寿命，提高保墒效果。

1. 人工覆膜覆土

全地面平铺地膜，不开沟压膜，下一幅膜与前一幅膜要紧靠对接，膜与膜之间不留空隙、不重叠。膜上覆土厚度1~1.5 cm。覆膜用土必须是细绵土，不能将土块或土疙瘩覆在膜上，以免影响播种质量，膜上覆土要均匀，薄厚要一致，覆土不留空白，地膜不能外露。

2. 机械覆膜

覆土机引覆膜覆土一体机以小四轮拖拉机做牵引动力，实行旋耕、镇压、覆膜、覆土一体化作业，具有作业速度快、覆土均匀、覆膜平整、镇压提墒、苗床平实、减轻劳动强度、有效防止地膜风化损伤和苗孔错位等优点，每台每天可完成 2.7 hm^2 作业量，作业效率较人工作业提高 20 倍以上。

（七）品种选择

选择抗倒伏、抗条锈病、抗逆性强的高产优质中矮秆春小麦品种。如陇春 26 号、陇辐 2 号、宁春 4 号、宁春 15 号、武春 5 号、陇春 26 号、银春 8 号、甘春 24 号等。

（八）种子处理

小麦条锈病、白粉病易发地区，可用 15%三唑酮可湿性粉剂按 100 kg 种子用药量 100 g 均匀拌种，随拌随播。

（九）播种

1. 播种机调试

不同机型和型号的播种机控制下种的方式方法不同，下种的最大量和最小量范围也不同。种子装在穴播机外靠外槽轮控制排放量的穴播机，需调整齿轮大小；种子装在穴播机葫芦头内的穴播机，需打开葫芦头逐穴调整排放量。播种机调试应由技术人员指导，以免播种过稀或过密。

2. 播种时期

春小麦一般不推迟播期，但必须在土壤解冻 10 cm 后进行。为了避免覆土板结给出苗造成困难，各地应关注天气预报，尽量避开雨天，在天气晴朗的条件下播种，要尽量掌握播种后小麦能在降水前出苗，以防板结，争取保全苗，为高产稳产奠定基础。

3. 播种规格

播种深度 3~5 cm，行距 15 cm 左右，穴距 12 cm，采用幅宽为 120 cm 的膜时，每幅膜播 8 行。同一幅膜上同方向播种，以避免苗孔错位。播种时步速要均匀，步速快下种太少，步速慢下种太多。同一幅膜先播两边，由外向里播种，既可以控制地膜不移动，又便于控制每幅膜的行数。当土壤较湿时，为避免播种过浅，应在穴播机上加一个土袋施加压力。

4. 播种密度

春小麦以主茎成穗为主，应适当加大播种量，根据品种的特征特性、海拔高度等确定播种量。一般行距 15 cm，穴距 12 cm，每穴 13~15 粒，播种量 675 万~825 万粒/hm^2。大穗品种（千粒重 50~55 g）播种量 360~450 kg/hm^2，常规品种（千粒重 42~48 g）播种量 300~405 kg/hm^2为宜。

（十）田间管理

1. 前期管理

播种后如遇雨，要及时破除板结。一般采用人力耙耱器或专用破除板结器，趁地表湿润破除板结，地表土干裂时则影响破除效果。若发现苗孔错位膜下压苗，应及时放苗封口。遇少量杂草则进行人工除草。

2. 灌水

在灌好冬水的基础上，分别于小麦拔节期、抽雄—扬花期、灌浆期各灌水 1 次，每次灌水量均为 1 125 m^3/hm^2。对于免冬灌的地块，于 2 月下旬进行播前浅灌，灌水量 450~750m^3/hm^2；出苗后分别于拔节期、抽雄—扬花期、灌浆期各灌水 1 次，每次灌水量均为 1125m^3/hm^2。

3. 预防倒伏

全膜覆土穴播春小麦易出现旺长造成倒伏。为了有效控制旺长，首先要选择抗倒伏的中矮秆品种，一般株高不超过 85 cm；其次，采取喷施矮壮素、多效唑的办法控制小麦株高。对群体大、长势旺的麦田，在返青至拔节初期喷施 1000~2000 mg/kg 矮壮素溶液，或用 10%多效唑可湿性粉剂 750~900 g/hm^2兑水 750 kg 喷雾，可有效地抑制节间伸长，使植株矮化，茎基部粗硬，防止倒伏。另外，合理控制密度是预防倒伏的重要措施，一般灌溉地种植密度不能超过 750 万株/hm^2。

4. 追肥

春小麦进入分蘖期后，结合灌水追施尿素 112.5~150 kg，以促壮、增蘖。进入扬花灌浆期，应结合灌水少量追肥，或用磷酸二氢钾、多元微肥及尿素等进行叶面追肥，以补充养分，促进灌浆，增加粒重，提高产量。

（十一）病虫草害防治

1. 病虫害防治

病虫害防治条锈病、白粉病用20%三唑酮乳油675~900 ml/hm^{2}兑水750 kg进行喷雾防治，或用15%粉锈宁可湿性粉剂750~1 125 g/hm^{2}兑水750 kg喷雾防治，间隔7~10天喷1次，连喷2~3次。麦蚜用50%抗蚜威可湿性粉剂4 000倍液，或10%吡虫啉可湿性粉剂1 000倍液，或3%蚜克星乳油1 500倍液喷雾防治。麦红蜘蛛用20%哒螨灵可湿性粉剂1 000~1 500倍液，或40%螨克净悬浮剂2 000倍液喷雾防治。

2. 杂草防治

膜上覆土可有效预防杂草，但若播种孔和膜间有杂草生长，如野燕麦等禾科杂草，可在3叶期前用6. 9%精恶唑禾草灵水剂1 050~1 200 ml/m^{2}兑水450 kg喷雾防除。

（十二）适时收获

春小麦进入蜡熟期末期籽粒变硬即可收获。全膜覆土穴播小麦收获后，要实行留膜免耕多茬种植，收获时一定要保护好地膜。一般采取人工收获，或采用小型收割机收获。若采用大型收割机收获，小麦留茬高度要达到10 cm左右，以免损坏地膜。

二、春小麦高产栽培技术规程

（一）分区轮作

采用两年两区或两年四区分区轮作制度，统一规划，统一整地，统一播期播量，统一机播，统一管理，对示范片进行科学规范管理。轮作倒茬，避免重茬；早春顶凌耙耱镇压保墒，做到土面平整，土绵墒足。

（二）选用良种

选用永良4号、永良15号等优质高产品种。

（三）种子处理

选择粒大饱满的种子，并晒种1~2天，每50 kg种子用15%的粉锈宁可湿性粉剂75 g或12.5%的禾果利75~100 g干拌，现拌现种，以防锈病和地下害虫。

（四）测土配方施肥

按照小麦创建高产的要求，结合测土配方项目土壤测试结果和目标产量，在每公顷施农肥 6 万 kg 的基础上，施纯氮 195 kg、纯磷 150 kg、纯钾 45 kg，25%氮肥做追肥外，其余全部做底肥施用，提高肥料的利用率。

（五）机械化耕作

大力推广保护性耕作技术，推广机械松耕、高茬收割、秸秆还田、机收机播等机械化耕作技术，提高机械化作业水平，使项目区综合农业机械化程度达到 85%以上。

（六）精量播种合理密植

在 3 月上旬，土壤解冻到适宜播深时适时播种，先施肥后播种，亩播种量 25～26 kg。实行机械播种，播种深度以 3～5 cm 为宜。

（七）加强田间管理，防治病虫草害

灌水。全生育期浇灌 3～4 次，最好在头水三叶一心、二水拔节期、三水孕穗期、四水灌浆期；若浇三次水，灌水时间分别在三叶一心、孕穗期和灌浆期。追肥。结合浇头水每公顷施纯氮 45～60 kg，折合尿素 105～135 kg；播前亩用 40%野麦畏 200 mL 加水 30～50 kg 均匀喷施地面，防除燕麦草；头水前后亩用 2,4-D 丁酯 50 g，兑水 30 kg，喷雾防除阔叶杂草，抽穗后及时人工拔除田间燕麦草，生育期间如有病虫害发生，及时防治。

（八）适时收获

小麦成熟后及时收获，早打碾、早入仓，做到丰产丰收。

三、水浇地小麦高产优质栽培技术

（一）范围

本规程主要适用于甘肃冬、春小麦水浇地一年一熟单作栽培。

（二）产量目标及结构

正常年份按本规程实施，可实现产量 6000～9000 kg/hm^2。600 kg/hm^{2}以上高产田，一般适宜的群体产量结构为：穗数 675 万穗/hm^2，穗粒数 30 粒，千粒重 45g 左右。

（三）播前准备

1. 耕作整地

夏茬田前作收后及时深耕灭茬，立土晒墒，熟化土壤，到秋末先深耕施基肥，再旋耕碎土、整平土壤，等待播种。秋茬田应随收随深耕，可将深耕、施基肥、旋耕、耙耱整平一次性作业完成，秋末耕作整地要与打埂做畦结合，保证灌溉均匀。深耕要达到 25 cm 以上，打破犁底层。

2. 秸秆还田

秸秆先粉碎成 5 cm 长的碎段，再铺撒、翻埋入田，适宜秸秆还田量为 4 500～7 500 kg/hm^{2}风干秸秆。前茬小麦的地块，最好结合夏季深耕灭茬将小麦秸秆翻埋还田；前茬玉米田块，可将玉米秸秆在秋播前结合旋耕还田，旋耕后注意耙耱或镇压。灌区春小麦可连作 2 年。

3. 灌底墒水

水浇地冬、春小麦播前一般不灌水，但需要 11 月中旬土壤夜冻昼消时灌底墒水，底墒水要灌透灌足，灌溉量 1 050～1 500 m^3/hm^2。

4. 耙耱镇压

入冬后耙耱弥补裂缝，早春最好顶凌耙耱保墒。秸秆还田地块若土壤暄松，早春可通过轻度镇压弥补裂缝、保墒提墒。

5. 施肥技术

（1）施肥总量

产量在 7 500 kg/hm^{2}以上的麦田，全生育期施肥量：每公顷施腐熟有机肥 4.5 万～7.5 万，纯氮 150～225 kg、磷 90～180 kg，氮磷比一般以 1：0.8 为宜。较肥沃的豆茬地、蔬菜地、庄园地，氮、磷化肥用量可取下限，未使用有机肥做基肥或春施有机肥地块，氮、磷化肥用量取上限。施用化肥的质量要符合国家相关标准的规定。

（2）施基肥与种肥

全部有机肥和磷肥做基肥。基肥最好结合秋季深耕一次性翻埋施入。前氮后移有利于提高产量和品质，氮素化肥最好 30%做基肥、70%做追肥（50%拔节期追施，20%抽穗期追施）。

春小麦若未用氮素化肥做基肥，则可用30%氮肥做种肥，在春播前5~7天旋耕施入，以便在下种前融化，同时种肥层应在播种层下方2 cm左右。适宜作种肥的氮素化肥有硝酸铵、硫酸铵、复合肥料等。尿素、碳酸氢铵、氯化铵对种子腐蚀大，不宜做种肥。

（四）规范化播种技术

1. 品种选用

最好选用良种补贴的中、强筋品种。河西走廊灌区春小麦应注意选择中早熟、抗干热风、抗倒伏的品种，沿黄灌区春小麦应注意选择抗锈、抗白粉病、抗倒伏、耐盐碱品种，陇东和陇南灌区冬小麦应注意选择抗锈、抗白粉病、抗倒伏、越冬安全品种。灌区小麦要求株型较紧凑，株高在河西走廊灌区不宜超过85 cm、其他灌区不超过90 cm。

2. 种子处理

条锈病、白粉病、黑穗病、地下害虫发生较重地区，播种前全覆盖药剂拌种。药剂拌种技术参见上述甘肃省旱地小麦高产优质栽培技术规程。

3. 播种期

水浇地春小麦提倡适期早播，地表解冻6~8 cm即可播种。水浇地冬小麦一般种植在低海拔地势平坦地带，通常较旱地冬小麦晚播1周以上。

4. 播种量

应根据产量目标、品种特性、当地出苗率来确定，一般每公顷产量在6 000~7 500 kg的田块，适宜每公顷播量大致为262~337 kg。

5. 播种方式

推广机条播，播后耱平。过分暄松的土壤，播后需要镇压。播前若墒情差，可采用深种浅盖法。播种深度以4~5 cm为宜。

（五）田间管理

1. 中耕除草和防倒伏

三叶期至拔节前，结合人工除草行间划锄1~2次。若苗期杂草严重，可在封垄前化学除草。

2. 灌水与追肥

无论冬、春小麦，在冬前灌足底墒水基础上，返青到成熟期一般分3次施用水肥。第一次在拔节期，强调重用拔节水肥，灌水量1 050 m^3/hm^2，追施纯氮75~90 kg/hm^2，占总追氮量的60%以上；第二次在抽穗开花期，灌水量750~1 050 m^3/hm^2，酌情追施纯氮30~45 kg/hm^2，若叶色深绿，可不追氮肥；第三次在灌浆期（乳熟期前后），灌水量600 m^3/hm^2左右，一般不再土壤追肥。干热风重发频发区，可在干热风来临前2~3天浅浇一次（洗脸水）当天渗完。

3. **一喷三防**

从花后10天开始，酌情进行1~2次“一喷三防”，每次相隔7~10天。

（六）收获

完熟期及时机械抢收，以防冰雹危害。

四、小麦宽幅精播特点及高产栽培技术

小麦种植的主要农作物，生产分散经营、规模小、种植模式多、品种更换频繁、种植机械种类多、机械老化等现象，造成小麦高产栽培技术应用面积降低，小麦播种量快速升高，平均播量在375 kg/hm^2以上，个别农户播量525 kg/hm^2左右。造成群体差、个体弱、产量徘徊不前的局面。直接影响小麦产量、品质和效益的提高。小麦宽幅精播的优点：

①扩大行距，改传统小行距15~20 cm密集条播为等行距22~26 cm宽幅播种。由于宽幅播种籽粒分散均匀，扩大了小麦单株营养面积，有利于植株根系发达，苗蘖健壮，个体素质高，群体质量好，提高了植株的抗寒性、抗逆性。②扩大播幅，改传统密集条播籽粒拥挤一条线为宽播幅8 cm种子分散式粒播，有利于种子分布均匀，无缺苗断垄、无疙瘩苗，克服了传统播种机密集条播、籽粒拥挤、争肥、争水、争营养、根少苗弱的缺点。③当前小麦生产多数以旋耕地为主，造成土壤耕层浅，表层疏松，容易造成小麦深播苗弱、失墒缺苗等现象。④实行宽幅精播有利于个体健壮，群体合理，边际优势好，成穗率高，后期绿叶面积大，功能时间长，光能利用效率高，不早衰，落黄好，穗粒多，粒重高，产量高。⑤降低了播量，有利于个体发育健壮，群体生长合理，无效分蘖少。⑥小麦宽幅精量播种机播种能一次性完成，质量好，省工省时，同时宽幅播种机行距宽，并采取前二后四形楼腿脚安装，解决了因秸秆还田造成的播种不匀等问题。小麦播种后形成波浪形沟垄，有利于集雨蓄水，墒足根多苗壮。

第三节 小麦主要病虫害防治技术

一、小麦主要病害防治技术

（一）小麦条锈病防治技术

小麦条锈病俗称“黄疸病”，是一种气流传播的病害，是小麦生产上的主要病害。小麦感染条锈病后，因光合作用受阻，从而影响产量，产量损失高达15%~50%。

1. 危害症状

条锈病主要发生在叶片上，其次是叶鞘和茎秆及穗部。苗期到收获期都可染病。小麦感染条锈病后，叶片、叶鞘、茎秆可出现黄色圆形或椭圆形病斑，排列成行，呈虚线状，后期表皮破裂，出现黄色粉状物，用手触摸病斑，黄粉可散落。穗部感病后，麦穗表面发红，剥开颖壳，内部充满黄色病菌孢子，籽粒不能灌浆。

2. 防治方法

（1）选用抗病品种

选择抗病性强的品种，同时注意品种合理布局。避免品种单一小化，并定期轮换。

（2）适期播种、合理施肥

适当晚播，可减轻秋苗期条锈病发生。施用腐熟有机肥，增施磷钾肥，搞好氮磷钾合理搭配，增强小麦抗病力。

（3）消除自生麦

小麦收获后的8月下旬至冬小麦播种前，对田间、田埂、麦场等有自生麦的地方，用灭生性除草剂17%百草枯水剂每公顷0.75 L兑水750 kg喷雾消除，或对休闲麦田进行深翻并耙耱，消除自生苗。

（4）药剂拌种

用15%三唑酮可湿性粉剂0.1 kg拌种50 kg，或20%三唑酮乳油75 ml拌种50 kg，或2%戊唑醇干拌剂或湿拌剂0.05~0.75 kg拌种50 kg，拌种一定要均匀，且药剂不能过量，避免发生药害。

(5) 药剂喷雾

当条锈病田间发生率1%~2%时，开始喷洒防治，每公顷用20%三唑酮乳油675~900 ml，或12.5%烯唑醇可湿性粉剂0.45~0.6 kg，或25%丙环唑乳油450 ml，以上药剂均兑水750 kg，选择上午9—11点或下午4点以后喷雾防治。每隔7~10天喷一次，连喷2~3次。

（二）小麦黑穗病防治技术

小麦黑穗病包括散黑穗病、腥黑穗病、秆黑粉病，是小麦生产上的重要病害。

1. 危害症状

(1) 散黑穗病

俗称黑疸、灰包等，是典型的种子传播病害。该病主要危害穗部，病株在孕穗前不表现症状。但抽穗比健株早，穗小，且比健株矮小。抽穗初期，小穗外包裹一层灰色薄膜，里面充满黑粉。薄膜破裂后黑粉随风吹散，只残留裸露的穗轴。而在穗轴的节部还可以见到残余的黑粉。在大多数情况下，病株主秆、分蘖都出现病穗，但有时部分分蘖未受到病菌的为害而生长正常。

(2) 腥黑穗病

俗称乌麦、黑疤。小麦感染腥黑穗病后，病株较健株稍矮，分蘖增多，病穗较短、直立，颜色较健株深，最初表现灰绿色，后期变为灰白色。颖片略向外张开，露出部分病粒。病粒短而圆，外包一层灰褐色薄膜，里面充满黑褐色粉。

(3) 秆黑粉病

俗称乌麦、黑枪、黑疸、锁口疸。主要发生在小麦的秆、叶和叶鞘上。发病时期较早，在小麦幼苗期即可发病，茎秆、叶片和叶鞘上产生初为黄白色后为银灰色与叶脉平行的条斑，以后条斑逐渐隆起，呈灰黑色，最后表皮破裂，散出黑粉。病株较健株矮，分蘖增多，叶片畸形或卷缩，重病株大部分不能抽穗而枯死，有些病株虽能抽穗，穗卷缩于叶鞘内，大多不能结实，少数结实的也是籽粒秕瘦。

2. 防治方法

(1) 加强栽培措施及田间管理

合理轮作倒茬，深翻耕土壤，选用大粒种子播种。加强田间管理，发现病穗要及时拔除，带出田间烧毁或深埋。

(2) 土壤处理

播种前，每公顷用50%多菌灵可湿性粉剂30~45 kg或70%甲基硫菌灵可湿性粉剂

15~22.5 kg，兑细干土 675~750 kg，搅拌均匀后制成毒土，在犁地后均匀撒在地面，再耙地，然后播种。

（3）药剂拌种

小麦播种时，用 0.06 kg/L 的戊唑醇悬浮种衣剂 0.06~0.08 kg，或 50%多菌灵可湿性粉剂 0.2~0.25 kg，或 70%甲基硫菌灵可湿性粉剂 0.2 kg 拌种 100 kg，以上任选一种药剂均先兑 2~3 kg 水稀释，然后拌种。拌过药的种子堆闷 6 h 后播种。

（4）温汤浸种

先将麦种置 50~55 ℃温水中搅拌，使水温迅速稳定至 45 ℃浸泡 3 h 后捞出，移入冷水中冷却，晾干后播种。

（5）喷药防治

在孕穗至抽穗初期，可用 50%多菌灵可湿性粉剂每公顷 1.5 kg，或 70%甲基硫菌灵可湿性粉剂 1.05~1.5 kg，兑水 750 kg 喷雾，控制再侵染。

（三）小麦全蚀病防治技术

小麦全蚀病又称死穗病、白穗病、根腐病等。小麦全蚀病是一种典型的根部病害，全蚀病是小麦上的毁灭性病害，引起植株成簇或大片枯死，降低有效穗数、穗粒数及千粒重，造成严重的产量损失。

1. 危害症状

病菌侵染的部位只限于小麦根部和茎基 15 cm 以内，染病后根系及茎基部变黑，俗称“黑脚”变黑，分蘖期地上部无明显症状，仅重病植株表现稍矮化，基部黄叶多、分蘖减少。冲洗麦根可见种子根与地下茎变灰黑色。拔节期病株返青迟缓，黄叶多，拔节后期重病株矮化、稀疏，叶片自下向上变黄，似干旱、缺肥。在茎基部表面和叶鞘内侧，生有较明显的灰黑菌丝层。抽穗灌浆期，病株成簇或点片出现早枯白穗，干枯致死的病株与绿色的健株形成鲜明的对照。在潮湿麦田中，茎基部表面布满条点状黑斑，俗称“黑膏药”。

2. 防治方法

（1）合理轮作

发病重的田块要实行轮作倒茬，2~3 年以上，可改种玉米、马铃薯等作物。

（2）合理施肥

增施有机肥、磷钾肥、微肥，调整氮磷比例。

（3）土壤处理

播种前，用70%甲基硫菌灵可湿性粉剂每公顷30~45 kg加细土300~450 kg，均匀施入小麦播种沟内。

（4）药剂拌种

播种时，用15%三唑酮可湿性粉剂0.08~0.1 kg，拌麦种50 kg，或25%丙环唑乳油25ml拌麦种50 kg。此类药有抑制发芽的作用，播种时要加大播种量10%~15%。

（5）喷药防治

在苗期，每公顷用20%三唑酮乳油1.2~1.5 L，兑水750 kg，每公顷用量0.52 kg喷洒麦苗。

（6）药剂灌根

小麦返青期，每公顷用消蚀灵可湿性粉剂1.5~2.25 kg，兑水2.25 kg灌根。

二、小麦主要虫害防治技术

（一）小麦吸浆虫防治技术

小麦吸浆虫有两种，一种叫麦红吸浆虫，另一种叫麦黄吸浆虫。水灌区一般发生的是麦红吸浆虫，以幼虫潜伏在小麦穗子颖壳内吸食正在发育灌浆的麦粒汁液，造成小麦籽粒秕瘦，出粉率降低，品质变劣，受害严重时颗粒无收，几乎绝产，是一种毁灭性害虫。

1. 形态及危害特征

小麦吸浆虫虫体相当小，成虫可以飞，体长只有1.5~3 mm，形状可形容为“黑头红身白膀子”，虽然很小，但繁殖力强，每头雌虫一生能产卵40~60粒，最高的达90~100粒。麦粒受害程度除与侵入的虫量多少有关外，还与幼虫侵入为害的早迟有关。一般侵入愈早，麦粒受害也愈重。

该虫一年发生一代，以老熟幼虫在土层内休眠过冬，到来年5月中上旬，小麦拔节期幼虫开始破茧上升；5月中下旬，小麦开始孕穗时，幼虫逐渐上升到土表化蛹，经8~10天羽化成为成虫，此时正值小麦抽穗期，羽化后的成虫开始在麦穗上产卵，卵经历5~6天孵化为幼虫，从麦颖缝隙中潜入，刺吸浆液，15~20天后老熟，老熟幼虫遇雨水从颖壳中爬出，弹落到地表，从土壤缝隙潜入土中，结茧休眠。如环境不适，可多年潜伏土中；遇条件适宜，即能出土危害。

2. 防治办法

（1）生态防治

①调整作物种植结构。在有灌溉条件的田块，要建立粮经和夏秋比例适宜、高产优质高效的种植制度。目前宜大力发展地膜玉米种植和优质啤酒大麦，适当减少小麦种植面积，尽量实行轮作倒茬，避免小麦重茬，切断吸浆虫食物链。②实行茬后深翻。小麦收获后尽可能及早深耕晒垡，利用吸浆虫怕高温、干燥的习性，杀死吸浆虫越夏幼虫，提高越夏死亡率。③推广抗（避）虫丰产优质品种，优化栽培技术。早熟品种，抽穗扬花早，正好避过小麦吸浆虫产卵期，避过产卵高峰期，减轻危害。通过适期早播、精量播种、不宜过量施用氮肥、合理灌水等措施，促进小麦早抽穗，保持小麦抽穗整齐一致，避开吸浆虫产卵期。

（2）药剂防治

①蛹期防治。拔节、孕穗期是蛹期防治小麦吸浆虫的适期，施药防治效果最好。②成虫期防治。在抽穗露脸期，展开双臂拨开麦垄一眼看到 2~3 头成虫飞翔或 10 复网捕到 10 头以上成虫为防治指标，应立即喷药防治。

（二）小麦蚜虫防治技术

蚜虫又叫腻虫，分布极广，小麦产区都有发生，危害小麦的蚜虫主要有：麦长管蚜、麦二叉蚜、黍缢管蚜、无网长管蚜。

1. 危害特征

小麦苗期，蚜虫主要集中在叶背面、叶鞘及心叶处为害，使小麦叶片发黄；当小麦拔节、抽穗后，蚜虫主要群集危害麦穗、茎和心叶，吸取汁，并排出蜜露，影响植株的呼吸和光合作用。当虫口密集时，造成叶片枯黄，植株生长不良；麦穗部被害后，造成籽粒不饱满，严重时，麦穗枯白，不能结实，甚至整株枯死，造成严重减产。另外，麦蚜还是传播病毒的昆虫媒介，可传播小麦黄矮病。

2. 防治方法

当苗期平均 10 株有蚜虫 1~2 头时，孕穗期平均 10 株有蚜虫 50 头时及时喷药防治。每公顷可用吡虫啉可湿性粉剂 0.3 kg，或 3%啶虫咪乳油 0.3~0.45 L，或 48%毒死蜱乳油 0.75 L，以上药剂均兑水 750 kg 均匀喷雾，为防止害虫产生抗药性，注意农药的交替使用。一般防治 1~2 次，每隔 10 天1次。

第三章　玉米作物栽培技术

玉蜀黍是禾本科、玉蜀黍属植物，俗称玉米。中国各地均有栽培。玉米喜光，不耐阴，是短日照植物。玉米的营养价值较高，是优良的粮食作物。作为中国的高产粮食作物，玉米是畜牧业、养殖业、水产养殖业等的重要饲料来源，也是食品、医疗卫生、轻工业、化工业等不可或缺的原料之一。此外，还具有许多生物活性，如抗氧化、抗肿瘤、降血糖、提高免疫力和抑菌杀菌等。

第一节　玉米栽培的生物学基础

一、玉米的一生

（一）玉米的生长发育

玉米从播种开始，经历种子萌发、出苗、拔节、抽雄、开花、吐丝、受精、灌浆、成熟，完成其生长发育的全过程。

玉米的生长发育过程可分为三个阶段，表现出不同的生育特点。

1. 苗期阶段（出苗到拔节前）

玉米苗期指玉米出苗到拔节前的这一段时间，包括以长根为中心和以分化茎叶为主的营养生长阶段。

本阶段的生育特点是：地下部根系发育较快，至拔节前后基本形成强大的根系，而地上部茎叶生长较缓慢。田间管理的中心任务是：促进根系发育，培育壮苗，达到早、全、齐、匀、壮的“五苗”要求，为玉米后期高产、稳产、抗倒伏打好基础。

2. 穗期阶段（拔节到抽雄前）

玉米从拔节到抽雄时期，称为穗期阶段。这是玉米营养生长和生殖生长并进的旺盛生

长时期。

本阶段的生育特点是：茎秆、节间迅速伸长，叶片增加，叶面积快速增大，雌雄穗等生殖器官强烈分化形成，是玉米一生中生育最旺盛、需要水肥养分最多的阶段，也是田间管理最关键的时期。田间管理的中心任务是：促叶、壮秆，重点是促进中、上部叶片增大，尤其是“棒三叶”，达到茎秆粗壮敦实，穗多、穗大的丰产长相。

3. 花粒期阶段（抽雄到成熟）

玉米从抽雄到籽粒成熟这一段生长时期，称为花粒期阶段。这时玉米营养生长趋于停止，转入以生殖生长为中心的时期。本阶段的生育特点是：茎、叶基本停止增长，雄花、雌花先后抽出，接着开花、授粉、受精，籽粒开始形成并灌浆，直至成熟。这是玉米产量形成的关键时期。田间管理的中心任务是：保叶、护根，防止早衰，保证正常灌浆，争取粒多、粒重，实现高产、稳产。

根据玉米一生不同的器官建成先后和内部组织分化特点以及生理变化，又可将玉米分为营养生长（前期）、营养生长与生殖生长并进生长（中期）和生殖生长（后期）三个阶段。它们分别与苗期、穗期和花粒期相对应。

（二）玉米的生育期和生育时期

1. 玉米的生育期

玉米从出苗到新种子成熟所经历的天数称为生育期。依据玉米一生所需，10 ℃的有效积温多少及熟性不同，可将其分为极早熟、早熟、中熟、晚熟和极晚熟五种类型，生产上通常划分为早熟、中熟和晚熟三大类型。

玉米生育期的长短受品种特性、播种时期和当地温度条件等的影响。早熟品种生育期短，晚熟品种则长；早播的生育期长，晚播的气温较高，生育期较短；温度高的地区，生育期短，温度低的地区生育期会延长。

2. 玉米的生育时期

玉米从播种到新的种子成熟，由于器官先后形成和栽培环境的作用，其植株外部形态和内部组织呈现出一系列变化，依据不同变化划分为不同的生育时段，通常称为生育时期。

①出苗：播种后，种子发芽出土，苗高 2 cm 左右，称为出苗。②拔节：顶部雄穗分化进入伸长期，近地面手摸植株基部可感到有茎节，其长度 2~3 cm，称为拔节。③抽雄：雄穗尖端从顶叶抽出时，即雄穗（天花）露出时，称为抽雄。④开花：雄穗上部开始开花

散粉，称为开花。⑤吐丝：雌穗（或称果穗）顶上部的花丝开始伸出苞叶，称为吐丝。⑥成熟：玉米果穗苞叶枯黄而松散，籽粒基部尖冠出现黑层（达到生理成熟的特征），乳线消失，籽粒干燥脱水变硬，呈现本品种固有的特征，称为成熟。

生产上常用大喇叭口期（或称大口期）作为施肥灌水的重要标志。该时期有5个特征：①棒三叶（果穗叶及其上下各一叶）开始甩出而未展开；②心叶丛生，上平、中空，形状如同喇叭；③雌穗进入小花分化期；④最上部展开叶与未展叶之间，在叶鞘部位能摸到发软而有弹性的雄穗；⑤此时叶龄指数为60%左右。雌穗生长锥伸长期称为小喇叭口期（或称小口期），叶龄指数为40%左右。

二、玉米的器官建成

（一）根系的生长

1. 初生根

种子萌发时，先从胚上长出胚芽和一条幼根，这条根垂直向下生长，可达20～40 cm，称为初生胚根。经过2～3天，下胚轴处又长出2～6条幼根，称为次生胚根。这两种胚根构成玉米的初生根系。它们很快向下生长并发生分枝，形成许多侧根，吸取土壤中的水分和养分，供幼苗生长。

2. 次生根

幼苗长出2片展开叶时，在中胚轴上方、胚芽鞘基部的节上长出第一层节根，由此往上可不断形成茎节，通常每长2片展开叶，可相应长出一层节根。玉米一生的节根层数依品种、水肥供应和种植密度等条件而定，一般可发4～7层节根，根总数可达50～60条。次生根数量多，且会形成大量分枝和根毛，是中后期吸收水分、养分的重要器官，还起到固定、支持和防止倒伏的作用。

3. 支持根

从拔节到抽雄，近地表茎基1～3节上发出一些较粗壮的根，称为支持根，也叫气生根（或气根）。它入土后可吸收水分和养分，并具有强大的固定、支持作用，对玉米后期抗倒、增产作用很大。

（二）茎及其分枝的生长

1. 茎的生长

玉米茎秆粗壮高大，但植株的高矮，因品种、气候、土壤环境和栽培条件不同而有较大差别。早熟品种、矮秆类型通常株高只有1~1.5 m，中熟品种、中秆类型为2 m左右，晚熟品种、高秆类型可高达3~4 m。生产上一般把2 m以下的玉米称为矮秆，2~2.7 m的称为中秆，2.7 m以上的称为高秆。株高与栽培条件关系密切，适当降低株高，增加种植密度，有利于高产、稳产。

2. 玉米的分枝

玉米茎秆除最上部5~7节外，每节都有一个腋芽。地下部几节的腋芽可发育成分蘖，生产上叫发杈，须打掉，以减少营养损耗。茎秆中、上部节上的腋芽可发育成果穗，多数只发生1~2个果穗，而其他节上的腋芽发育到中途即停止、退化。

（三）叶的生长

1. 叶的形态及生长

叶由叶片、叶鞘和叶舌三部分组成。叶片中央有一主脉，两侧平行分布许多小侧脉，叶片边缘具有波状皱褶，可起到缓冲外力的作用，避免大风折断叶部。叶片表面有许多运动细胞，可调节叶面的水分蒸腾。大气干旱时，运动细胞因失水而收缩，叶片向上卷缩成筒状，呈萎蔫状态，以减少水分蒸腾。叶片宽大并向上斜挺，连同叶鞘像漏斗一样包住茎秆，有利于接纳雨水，使之流入茎基部，湿润植株周围的土壤。

叶片在茎秆上呈互生排列。玉米一生的叶片数目是品种相对稳定的遗传性状。叶片数目的多少在较大程度上决定着植株光合叶面积的大小。叶片数目与玉米生育期长短、植株高度、单株叶面积呈正相关。一般来说，生育期为90~100天的早熟品种有12~16片叶，生育期为100~120天的中熟品种有17~20片叶，生育期为120~150天及更长的晚熟品种有21~24片叶或更多。

2. 叶的功能

玉米属于高光效作物。叶的光合效能高，称为高光效作物。在通常大气二氧化碳浓度为300 mg/L、温度为25~30%条件下，净光合强度值为46~63 mg/（dm^2·h）。光饱和点高，光补偿点低，在自然光条件下不易达到饱和状态，同化效率高，水分吸收利用率高，蒸腾系数为 300~400，而高光效作物在 600 以上。

（四）穗的分化

玉米属雌雄同株异花植物，其雄穗（俗称天花）是由主茎顶端的茎生长点分化发育而成，雌穗（俗称果穗、棒子）是由茎秆中部节上叶腋内的侧芽生长点分化发育而成。玉米靠风力传粉，自然杂交率在 90%以上，为异花授粉作物。

1. 雄穗和雌穗的结构特征

（1）雄穗

为圆锥花序，着生于茎秆顶部，由主穗轴和若干个分枝构成。雄穗分枝的数目因品种类型而异，一般为 10~20 个。主轴较粗，其上着生 4~11 行成对排列的小穗；分枝较细，通常着生两行成对排列的小穗。每对小穗均由位于上方的一个有柄小穗和位于下方的一个无柄小穗组成。每一小穗基部都有两片颖片（又叫护颖），护颖内有两朵雄花，每朵雄花内有三个雄蕊和内外稃各一片。在外稃和雄蕊间有两个浆片（也叫鳞片），开花时浆片吸水膨大，把外稃推开，并且花丝同时伸长，使花药伸出外面散粉。

（2）雌穗

为肉穗花序，受精结实后称为果穗。从器官发育上来看，果穗实际上是一个变态的侧枝，下部是分节的穗柄，上端连接一个结实的穗轴。果穗外面具苞叶，苞叶数目与穗柄节数相同。有些品种果穗的苞叶顶尖有小剑叶，对光合同化和防虫、抗病有益，但对授粉受精不利。

2. 雄穗和雌穗的分化进程

（1）雄穗分化进程

①生长锥未伸长期

茎顶生长锥尚未伸长，表面光滑，呈半圆形突起，长、宽差异甚小，基部有叶原始体突起，是决定植株节数和叶数的时期。

②生长锥伸长期

开始时，生长锥稍微伸长，长度略大于宽度，基部原始节和节间形成，上部仍是光滑的。随后，生长锥显著伸长，其下部形成叶突起，中部呈棱状突起，开始分节。此期历时 5~8 天，叶龄指数约 21%。

③小穗分化期

生长锥继续伸长，基部出现分枝突起，中部出现小穗原基（裂片）；第一小穗原基又

继续分化为成对的两个小穗突起，其中一个大的在上，将来发育为有柄小穗，一个小的在下发育为无柄小穗，此时小穗基部颖片开始形成。与此同时，生长锥基部的分枝突起也迅速地先发育成雄穗分枝，然后按上述方式，分化出成对排列的小穗。此期历时 5~10 天，叶龄指数约为 40%左右。

④小花分化期

每个小穗突起又进一步分化出两个大小不等的小花突起，在小花突起的基部形成 3 个雄蕊原始体，中央形成一个雌蕊原始体。雄蕊分化到这一时期，表现为两性花，但继续发育时，雄蕊生长产生药隔，雌蕊原始体则逐渐退化。两朵小花发育不平衡，位于上部的第一朵小花比位于下部的第二朵小花发育旺盛，可谓雄长、雌退期，即雄蕊生长、雌蕊退化。每一小花具有内、外稃（颖）和两个浆片。此期历时 2~5 天，叶龄指数约 47%。

⑤性器官发育形成期

雄蕊原始体迅速生长，当雄穗主轴中、上部小穗颖片长度达 0.8 cm 左右，花粉囊中的花粉母细胞进入四分体期，这时雌蕊原始体已经退化，随后花粉粒形成，内容物充实，穗轴节片迅速伸长，护颖及内、外颖也迅速伸长，整个雄穗体积迅速增大，其长度比小花期增长 10 倍左右。此时植株外形为孕穗状，不久雄穗即可抽雄，抽雄时几乎所有叶片均已展开。此期历时 8~14 天，叶龄指数在 60%以上。

（2）雌穗分化进程

①生长锥未伸长期

生长锥尚未伸长，呈现为基部较宽、表面光滑的圆锥体，体积小。此时生长锥基部分化的节和节间，将来长成果穗柄，节上的叶原始体以后发育成果穗的苞叶。

②生长锥伸长期

生长锥显著伸长，长度大于宽度，随后生长锥基部出现分节和叶突起，这些叶突起的叶腋内将形成小穗原基（裂片），以后叶突起退化消失。此期历时 2~4 天，叶龄指数约 42%。

③小穗分化期

生长锥进一步伸长，并出现小穗原基，小穗原基再分化为两个并列的小穗突起，小穗突起的基部将分化颖片突起。小穗分化先从雌穗的基部开始，依次向上，属于向顶式分化。当生长锥顶部还是光滑的圆锥体时，其中下部及基部出现成对排列的小穗突起。此期历时 4~8 天，叶龄指数约 47%。

④小花分化期

每个小穗进一步分化为上下两个大小不等的小花突起，上方较大的一小花将发育为结实花，下方较小的一小花以后退化。在小花突起的基部外围出现三角形排列的 3 个雄蕊突起，中央隆起出现一个雌蕊原始体。在小花分化末期，雄蕊突起生长减慢，最后消失，雌蕊原始体迅速增长，呈雌长、雄退状态，即雌蕊生长、雄蕊退化。在良好的栽培条件下，果穗形成的行数、粒数多，排列整齐；反之，则部分小花不能正常发育，行数、粒数少，且长成畸形或行列不整齐的果穗。此期历时 6~8 天，叶龄指数约 63%。

⑤性器官发育形成期

雌蕊的花丝逐渐伸长，顶端出现分裂，花丝上出现茸毛，子房体积增大，胚囊母细胞形成，整个果穗急剧增长；不久，花丝即抽出苞叶，进入吐丝期。此期历时 6~10 天，叶龄指数在 70%以上。

玉米的雄穗和雌穗在小花分化期前都为两性花，随后雌、雄蕊发育向两极分化，雄穗上的雄蕊继续发育，而雌蕊退化消失；雌穗上的上位小花雌蕊继续发育，而雄蕊退化消失，因而小花分化后，雄穗和雌穗在发育过程中均表现为单性花，分别形成雄性的天花和雌性的果穗。由此可知，玉米的祖先属雌雄同花植物，雌雄异花是由雌雄同花进化而成。在田间，有时可见到天花上结籽粒，果穗上抽出雄花，这是在不良环境下的“返祖”遗传现象。玉米果穗在小穗分化期并排分化出成对的两个无柄小穗，每一小穗又并排分化出上下两朵小花，其中上位小花发育结实，而下位小花退化消失，只留有膜片状颖片，所以果穗上的玉米籽粒行数一般都成偶数，呈双行排列。

（五）开花、授粉、受精

玉米雄穗开花时，花药中的花粉粒及雌小穗小花和胚珠中的胚囊都已成熟，花药破裂即散出大量花粉。散粉在一天中以 7—11 点（地方时间）为多，最盛在 7—9 点时，下午开花少。花粉落到花丝上称为授粉。

玉米的花为风媒花，花粉粒重量轻，花粉数量多，每个花药可产 2 500 多粒花粉，全株整个花序可多达 100 万~250 万粒。散粉时，靠微风即可传至数米远，大风天气可送至 500 m 以外。因此，玉米制种田必须设置隔离区。

授粉受精过程是：花粉粒落在花丝上，经过约 2 h 萌发，形成花粉管，进入胚囊，完成受精过程。花粉粒释放的两个精子，一个与卵细胞结合，形成合子，将来发育成胚；另一个先与两个极核中的一个结合，再与另一个极核融合成一个胚乳细胞核，将来发育成胚乳。

花粉在田间条件下，4 h 内生活力最高，6 h 后生活力显著降低，22~24 h 则全部丧失生活力。实行人工辅助授粉和混合多量花粉授粉、采集新鲜花粉授粉，是提高玉米果穗结实率的有效措施。

（六）籽粒发育

雌花受精后，籽粒即形成，并开始生长发育。从受精到籽粒成熟，一般历时 40~55 天。籽粒形成和灌浆过程先后可分为 4 个阶段。

1. 籽粒形成期

受精后 10~12 天原胚形成，14~16 天幼胚分化形成，籽粒呈胶囊状，此时胚乳为清浆状，含水量大，干物质积累少，体积增大快，处于水分增长阶段。

2. 乳熟期

受精后 15~35 天，种胚基本形成，已分化出胚芽、胚轴、胚根，胚乳由乳状至糊状，籽粒体积达最大，干物质呈直线增长，千粒重日增长量最快可达 10 g 左右。此时，籽粒含水量开始下降，为干物质增长的重要阶段。

3. 蜡熟期

受精后 35~50 天，种子已具有正常的胚，胚乳由糊状变为蜡状，干物质积累继续增加，但灌浆速度减慢，处于缩水阶段，籽粒体积有所缩小，干物质重量占成熟时粒重的 70%以上。

4. 完熟期

受精后 50~60 天，籽粒变硬，干物质积累减慢，含水率继续下降，逐渐呈现出品种固有的色泽特征，皮层具光泽，指甲不易划破。马齿型玉米顶端凹陷，硬粒种外表光亮、坚硬，种子基部尖冠有黑层形成。苞叶黄枯松散，进入完熟期。

三、玉米生长发育对生态条件的要求

（一）温度

玉米在长期的系统发育过程中形成了喜温、好光的特性，整个生长过程都要求较高的温度和较强的光照条件，其中温度是影响玉米生育期长短的决定性因素。

种子在6~8 ℃条件下发芽，但发芽速度较慢，在10~12 ℃时发芽较快，生产上常以地表5~10 cm土层温度稳定在10~12 ℃作为适时早播的温度指标。在25~30 ℃高温下发芽过快，但易形成细弱高脚苗。苗期若遇到-2~-3 ℃的低温，幼苗会受到霜伤，遇-4 ℃可能会被冻死。一般植株长到6~8叶展开、温度达到18 ℃时开始拔节，18~22 ℃是拔节期生长茎叶的适宜温度。在较高温度条件下，茎节伸长迅速。

抽雄开花时，日平均温度以24~26 ℃最适宜；气温高于32 ℃，空气相对湿度低于30%，会使花粉失水干枯，花丝枯萎，导致授粉不良，造成缺粒减产。抽雄散粉时，气温低于20 ℃，花药开裂不正常，影响正常散粉。

籽粒形成和灌浆期间，日平均温度以22~24 ℃最适宜，若气温低于16 ℃或高于25 ℃，则酶的活性受影响，光合产物积累和运输受阻，籽粒灌浆不良；若遇高温逼熟，则千粒重明显下降，减产严重。

在无霜期短的地区，玉米生育后期可能受早霜为害，若遇到3~4 ℃低温，植株便停止生长，籽粒成熟和产量均受影响；若遇-3 ℃低温，籽粒尚未完全成熟而含水量又较高，易丧失发芽能力。

玉米全生育期习≥10 ℃的日平均温度的累计之和称为活动积温。北方玉米品种以春播（或称正播）为标准，大体可划分为三类：早熟品种需≥10 ℃的活动积温为2 000~2 200 ℃；中熟品种需≥10 ℃的活动积温为2 200~2 500 ℃，晚熟品种需≥10 ℃的活动积温为2500~3000 ℃。各地种植玉米应依据当地的气候条件等，选用适宜的品种。

（二）光照

玉米是具有高光效的作物，光照条件充足，其丰产性大。玉米属不典型的短日照作物，在每天8~12 h的日照条件下，植株生育加快，可提早抽雄开花，但在较长日照(18 h)状况下，也能开花结实。玉米地膜覆盖栽培，既可增温、保墒，也利于反射中、下层漏光，提高光能利用率。

玉米不同生长发育时期对光质要求不同。据研究分析，果穗在蓝光和白光中发育最快，在红光中发育迟缓；天花在蓝光中发育最好，光谱不同对玉米生育有一定的影响。

（三）水分

全生育期的需水规律大体是，苗期植株幼小，以生长地下根系为主，表现耐旱应以蹲苗来促壮；拔节后，植株生长迅速，株高、叶多，需水量逐渐增大；在抽雄前10天至抽雄后 20 天这一个月内，消耗水量多，对水分需求很敏感，开花期是玉米的需水临界期，若缺水受旱会造成“卡脖旱”，减产严重；乳熟期后，消耗水量逐渐减少。春、夏玉米的需水规律大体相似，但夏玉米播种时外界气温高，苗期生长快，前期耗水远比春玉米多，应提早灌水。

（四）土壤及养分

玉米根系发达，根量大，分布广，入土深度可达 1 m 以下。玉米全生育期吸收的养分较小麦多，种植玉米土壤应具有较高的肥力，一般要求土壤含有机质 1.2%以上，碱解氮 70～80 mg/kg，速效磷 15 mg/kg。

第二节 玉米主要栽培技术

一、玉米垄膜沟灌节水栽培技术规程

（一）播前准备

1. 地块的选择

选择土壤团粒结构好、蓄水能力强、土层较厚的地块，前茬以豆类、马铃薯、小麦、秋油菜及其他蔬菜类为佳。

2. 整地

前茬作物收获后，深耕晒垡，熟化土壤，秋季人工或机械深翻 20～25 cm，结合深翻每公顷施入优质农家肥 45 000～60 000 kg，冬季灌足冬水。

3. 施肥

根据测土结果进行配方施肥，肥料结合春耕施入或在起垄时集中施入垄底。

4. 选用良种

为了保证出苗和产量应选用抗旱耐逆优质高产的包衣种子。海拔在 1 600 m 以下的区域应选用中晚熟品种，1 600 m 以上的区域应选用中早熟品种。

5. 土壤处理

地下害虫危害严重的地块应在整地起垄时每亩用 40%辛硫磷乳油 0.5 kg 加细沙土 30

kg制成毒土撒施。玉米丝黑穗病严重的地块可选用立克锈配合毒土施用。

6. **膜下除草**

杂草危害严重的地块整地起垄后用50%乙草胺乳油全地面喷雾，土壤湿度大、温度较高的地区每公顷用50%乙草胺乳油750~1 050 g，兑水450 kg，冷凉灌区用2 250~3 000 g，兑水600~750 kg。

（二）起垄

1. **起垄规格**

垄沟宽80 cm，垄宽50 cm，沟宽30 cm，垄高20~25 cm，垄沟、垄面要宽窄均匀，垄脊高低一致。

2. **起垄的方法**

起垄时先按照垄沟宽度划线，然后用步犁来回沿划线深犁开沟，将犁臂落土用手耙刮至垄面。

（三）覆膜

1. **地膜选择**

用厚度0.008 mm以上、宽90 cm的地膜，每公顷用105 kg。

2. **覆膜方法**

起垄后将垄面全部覆盖，相邻两垄垄沟间留10 cm宽的孔隙，覆膜时地膜要与垄面贴紧拉平，并每隔3~4 m横压土腰带，防止大风揭膜。

（四）播种

1. **播期**

当地温稳定在10 ℃时。过早受冻、出苗受阻，过迟受烫、影响产量。

2. **播种密度**

行距40 cm，株距33~38 cm，每公顷保苗67 500~75 000株。

3. **播种方式**

根据土壤墒情和地温采取不同的播种方式，当土壤墒情好、地温高时，可以边起垄边

播种边覆膜；在土壤墒情差、地温较低时应先起垄覆膜，待墒情提高、地温升至适宜温度时，再破膜播种，然后用细沙或草木灰封孔。

（五）田间管理

1. 及时放苗

覆膜玉米从播种到出苗约需 10~15 天，在幼苗第一片叶展开后应及时放苗。破膜放苗选在晴天下午进行，使幼苗逐步受到锻炼，培育壮苗。在 3~4 叶期间苗，4~5 叶期定苗，每穴留壮苗 1 株。

2. 灌水

灌水掌握在拔节、大喇叭口、抽雄前、吐丝后、乳熟期 5 个时期，全生育期灌 4~6 次水，灌水定额 3 750~4 500 m^3/hm^2。

3. 合理追肥

全生育期结合灌水追施氮肥 2~3 次，追肥以前轻、中重、后补足为原则。当玉米进入拔节期时，结合灌头水进行第一次追肥，每公顷追纯氮 120 kg。追肥方法是在两株中间穴施覆土。当玉米进入大喇叭口期，进行第二次追肥，每公顷追纯氮 150 kg。到玉米灌浆期，根据玉米长势，可适当追肥，每公顷追施纯氮一般不超过 45 kg。

（六）病虫害防治

1. 玉米螟

50%辛硫磷乳油 500 ml 加适量水，与 25 kg 过筛的煤渣或沙石颗粒拌和均匀而成，玉米心叶末期每株施颗粒剂 1~2g，另外可用杀虫双或溴氢菊酯。

2. 红蜘蛛

秋翻灭茬灭草杀虫源，使用 1.8%虫螨克 3 000 倍喷雾。植株生长期间用 40%乐果乳油或 73%克螨特 1 000 倍液喷雾防治。

3. 黏虫

用 20%速灭杀丁 2 000~3 000 倍液喷雾防治。

4. 丝黑穗病

用 12.5%速保利可湿性粉剂，25%粉锈宁可湿性粉剂，或 50%拌种灵或拌种双可湿性粉剂，按种子重量0.3%~5%用药量拌种。

5. 瘤黑粉病

用15%粉锈宁拌种，用量为种子量的0.4%；在玉米抽雄前喷50%的多菌灵或50%福美双，防治1~2次。

（七）适时收获

当玉米苞叶变黄，籽粒变硬、有光泽时进行收获。收获后及时清除田间残膜，便于来年生产。

二、灌溉区玉米全膜平铺覆土种植技术

（一）技术优点

1. 抑蒸保墒

灌溉区大多是春季覆膜，此时风沙大，蒸发量大，采取垄膜沟灌或全膜双垄沟播沟灌，由于起垄作业土壤疏松和覆膜速度慢等因素，极易造成土壤失墒，出现出苗不齐不全现象，全膜覆土种植技术通过平铺镇压，覆膜速度快，不造成失墒，有效地抑制了土壤水分的蒸发，并能收集雨水，起到保墒作用。经观测，全膜覆盖土壤相对含水量比半膜覆盖高20%以上，在整个生育期可减少灌水一次，节水1 500 m^3/hm^2。

2. 节水速灌

由于全膜覆盖，灌水时流水速度加快。经观测每次灌水量比半膜覆盖减少225~300 m^3/hm^2，整个生育期可减少灌水1 500 m^3/hm^2左右。

3. 稳膜防错

由于全膜覆土，地膜不移动，克服了地膜由于风吹和太阳照射移动的现象，彻底解决了传统地膜玉米播种穴与幼苗易错位、出苗率低、人工放苗劳动强度大等问题。

4. 机械作业

近几年推广秸秆还田技术，通过机械覆膜覆土，枝、叶、根经旋耕机破碎变小，履带式传输覆膜覆土机间隙大，在作业过程不出现堵塞的现象。8 h能覆膜2~3 hm^2，只需要2人即可完成作业。

5. **除草节本**

全膜覆土穴播，膜面与地表面紧贴，膜上覆土后膜下形成了一个黑暗高温的环境，又由于膜面覆土自身压力致使杂草不能生长，克服了只覆膜出现的杂草上顶地膜，甚至顶破地膜生长的现象。

6. **增密增产**

饲用玉米半膜覆盖保苗 85 755 株/hm^2，全膜平铺覆土种植保苗 100 000 株/hm^2，比半膜覆盖多 14 245 株/hm^2，可提高产量 2 250 kg/hm^2 以上；制种田玉米半膜覆盖保苗 89 325 株/hm^2，全膜平铺覆土种植保苗 104 220 株/hm^2，比半膜覆盖多 14 895 株/hm^2，可提高产量 1 350 kg/hm^{2}以上。

（二）适宜区域

玉米全膜平铺覆土种植技术适宜在土壤为沙质壤土、年降水量在 300 mm 以下、年蒸发量 2 000 mm 以上、地下水位较低、春季风沙大的水川灌溉区推广。

（三）存在的问题

1. **板结**

地膜上覆土，在玉米出苗期由于天气降雨容易出现板结的现象，可在覆膜覆土机的出土板上按行距制作 5 cm 的分土器，覆膜覆土时在膜面形成 5 cm 的播种行。

2. **沤根**

地下水位较高、土壤较黏的玉米地，在生长中后期由于土壤含水量较高，容易出现沤根现象，因此该技术应选择沙质壤土较为适宜。

（四）玉米全膜平铺覆土种植栽培技术要点

1. **选地整地**

选择土层深厚、土质疏松、肥力中等不易板结的壤土和沙壤土。前茬以禾本科、豆类、马铃薯为佳，玉米也可连作，但最好三年轮作倒茬一次。前茬作物收获后深耕晒垡，及时耙耱保墒并进行镇压。覆膜播种前用旋耕机旋耕，做到土粒细碎、残留根枝叶小，地面平整无坷垃。

2. 施肥及土壤处理

播前结合旋耕亩施优质农肥 60 000 kg/hm^2、磷二铵 450 kg/hm^2、尿素 300 kg/hm^2、硫酸锌 30 kg/hm^2，覆膜前将 40%乙·莠可湿性粉剂 750 g/hm^{2}均匀喷洒地面。

3. 覆膜覆土

用厚度 0.008~0.01 mm、幅宽 120 cm 的地膜覆膜与覆土一次完成，完成旋耕、取土、镇压、覆膜、覆土及平整作业，具有作业速度快、覆土均匀、覆膜平整、镇压提墒、苗床平实、减轻带动强度，有效防止地膜风化损伤和苗孔错位等优点。覆土厚度 1.0±0.5 cm，全地面平铺地膜，不开沟压膜，下一幅与前一幅膜要紧靠对接，不留空隙，不重叠。如果土壤较黏重，种子出苗时遇雨水容易板结，可在覆膜覆土机的出土板上按行距制作 5 cm 的分土器，覆膜覆土时在膜面形成 5 cm 的播种行。

4. 播种

当 5~10 cm 土层地温稳定在 10 ℃以上时即可播种，播种深度 3~5 cm，每穴 2~3 粒种子为宜，每幅膜种 3 行，行距 0.4 cm，饲用玉米株距 0.25 cm，制种玉米株距 0.24 cm，播种密度分别为 104 220 株/hm^2，制种玉米 100 000 株/hm^2，实际播种密度根据品种、土壤肥力、施肥水平和不同地域等具体情况确定。

5. 苗期管理

如因少量穴苗错位造成膜下压苗，应及时放苗封口。少量杂草钻出地膜时需人工铲除。3~4 叶期间苗，去掉弱苗；5~6 叶期定苗，每穴留健壮苗 1 株，并去除分蘖。

6. 水肥管理

玉米大喇叭口期，中午出现萎蔫，早晚恢复时及时灌头水，结合灌水撒施尿素 300 kg/hm^2；在玉米抽雄叶丛盛期灌二水，结合灌水穴施尿素 450 kg/hm^2，20 天之后灌三水，以后根据降水情况灌四水。每次灌水量应控制在 900 m^3/hm^{2}左右。

7. 病虫害防治

玉米红蜘蛛可用 20%哒螨灵可湿性粉剂 1 500 倍液，或 73%克螨特乳油 1 000 倍液，在玉米地块周边地坡上喷洒，玉米灌头水后，对玉米地块喷雾。玉米霜霉病可选用 80%代森锰锌可湿性粉剂 600 倍液，或 64%杀毒矾可湿性粉剂 500 倍液等喷雾防治。

8. 及时收获

玉米一般在雌穗苗叶变干黄、自然下垂，籽粒变硬、有光泽时及时收获。

三、玉米全膜覆盖节水栽培技术

（一）选地整地

在地块的选择上应选土层深厚、土质疏松、墒情好、肥力中等以上的平地，前茬以马铃薯、小麦、豆类作物为宜；在前茬作物收获后要及时深耕，耕后及时清除根茬，耙耱保墒。

（二）施足基肥

结合春耕或播种，每公顷施农家肥 60 000~75 000 kg 以上、过磷酸钙 1 500 kg、尿素 225~300 kg 或磷二铵 300~375 kg、硫酸钾 90~120 kg、硫酸锌 30 kg。

（三）覆膜播种

1. 播种

当表层地温稳定在 10 ℃时即可播种。地膜玉米播期应比露地提早 7~10 天，但湿度过大的地块不宜过早播种，以防烂种。

2. 合理密植

选用 120~140 cm 超薄膜进行宽窄行种植，窄行 40~50 cm、宽行 70~80 cm，株距 20~25 cm，密度在 5 000 株左右为好，每公顷播种量 30~37.5 kg。

3. 覆膜

覆膜采用先播种后覆膜或先覆膜后播种的方式。①先播种后覆膜。就是先在整好的地上，用小犁铧开一小沟，将种子点播于小沟内，播深 4~5 cm，每穴 2 粒，然后在垄的两侧开一压膜沟，把播种沟覆土整平后覆膜。②先覆膜后播种。就是先开沟覆膜，然后破膜点种，此法不用放苗。覆膜时两膜相接不留孔隙，地膜要拉展紧贴地面，膜底压入压膜沟内 5 cm，压土踏实。覆膜后膜面每隔 3~5 m 压一土腰带，防止大风揭膜。

（四）田间管理

1. 及时放苗

先播种后覆膜的地块，出苗后要及时破膜放苗。放苗最好在无风的晴天进行，千万不要在高温天气或大风降温天气放苗。放苗后随即用潮土把苗孔封严。先覆膜后播种的，雨后要及时破土，助苗出土。

2. 查苗补苗

在破膜放苗时，发现缺苗现象，要及时催芽补种。在苗子长出2~3片叶时，如发现缺苗或死苗，可结合间苗移苗补栽。4~5片叶时定苗，留壮苗一株。

3. 中耕除草

在苗期要结合中耕，锄净苗眼的杂草。

4. 追肥灌水

在拔节期结合灌水每公顷施尿素150 kg，在玉米大喇叭口期结合灌水，每公顷施225 kg尿素对提高地膜玉米产量有显著作用。

5. 病虫害防治

丝黑穗病用15%粉锈宁150 g，加水2 kg，均匀喷洒在50 kg种子上。玉米螟用50%辛硫磷乳油500 ml加适量水，与25 kg过筛煤渣或沙石颗粒拌和均匀而成，玉米心叶末期每株施颗粒剂1~2 g。红蜘蛛用40%乐果乳油或73%克螨特1 000倍液喷雾。黏虫用20%速灭杀丁2000倍液喷雾。蚜虫用40%克蚜星乳油800倍液喷雾。

（五）适时收获

当玉米苞叶变黄、籽粒变硬有光泽时进行收获。收获后及时清除田间残膜，便于来年生产。

四、玉米全膜双垄集雨沟播栽培技术

（一）选地

宜选用地势平坦、土层深厚、土质疏松、肥力中上等、保肥保水能力较强的地块，切忌选用陡坡地、石砾地、沙土地、瘠薄地、洼地、涝地、重盐碱地等地块，应优先选用豆类、小麦、马铃薯茬。

（二）整地

一般在前茬作物收获后及时灭茬，深耕翻土，耕后要及时耙耱保墒。对于前茬腾地晚

来不及进行冬前耕翻的春玉米地块，要尽早春耕，并随耕随耙，防止跑墒；做到无大土垡块，表土疏松，地面平整。

（三）施肥

肥料施用以农家肥为主，化肥施用本着底肥重磷、追肥重氮的原则进行，既可防止玉米苗期徒长，又能防止后期不脱肥，保证玉米后期正常生育。

（四）选用良种及种子处理

宜选择比原露地使用品种的生育期长7~15天，或所需积温多150~300 ℃，叶片数多1~2片，株型紧凑适合密植，不早衰，抗逆、抗病性强的品种。

（五）土壤处理

地下害虫危害严重的地块，整地起垄时每公顷用40%辛硫磷乳油7.5 kg加细沙土450 kg，拌成毒土撒施。杂草危害严重的地块，整地起垄后用50%的乙草胺乳油兑水全地面喷雾，然后覆盖地膜。土壤湿度大、温度高的地区，每公顷用乙草胺乳油0.75~1.05 kg，兑水450 kg，冷凉地区用乙草胺乳油2.25~3 kg，兑水600~750 kg。

（六）划行起垄

每行分为大小双垄，大小双垄总宽110 cm，大垄宽70 cm、高10~15 cm，小垄宽40 cm、高15~20 cm。每个播种沟对应一大一小两个集雨垄面。

1. 划行

划行是用齿距为小行宽40 cm、大行宽70 cm的划行器进行划行，大小行相间排列。

2. 起垄

缓坡地沿等高线开沟起垄，要求垄和垄沟宽窄均匀，垄脊高低一致。一般在3月上中旬耕作层解冻后就可以起垄。

（七）覆膜

整地起垄后，用宽120 cm、厚0.008 mm的超薄地膜，每亩用量为5~6 kg，全地面覆膜。膜与膜间不留空隙，两幅膜相接处在大垄的中间，用下一垄沟或大垄垄面的表土压住膜，覆膜时地膜与垄面、垄沟贴紧。

每隔 2~3 m 横压土腰带，一是防止大风揭膜，二是拦截垄沟内的降水径流。机械覆膜质量好，进度快，节省地膜，但必须按操作规程进行，要有专人检查质量和压土腰带。覆膜后，要防止人畜践踏、弄破地膜。铺膜后要经常检查，防止大风揭膜。如有破损，及时用细土盖严。覆膜后在垄沟内及时打开渗水孔，以便降水入渗。

（八）适时播种

肥力较高的旱川地、沟坝地、梯田地，株距 30~35 cm，每公顷保苗 48 000~55 500 株；肥力较低的旱坡地株距 35~40 cm，每公顷保苗 42 000~48 000 株；早中熟品种适当加大密度，株距 30 cm，每公顷保苗 55 500 株左右。

播种深度和覆土厚度要根据土壤墒情、土壤质地和种粒大小等具体情况而定。由于地膜玉米具有增温提墒保墒作用，因此，一般播深要比直播玉米浅 1~2 cm。土壤黏重墒情好，种粒较小的要播浅点，但不宜浅于 3 cm，墒情差、质地轻、种粒大的要播深些，但不宜超过 5 cm。雨水较多的地区覆土宜浅，种子覆土不宜超过 3 cm；雨水较少的地区覆土宜深，盖土不宜超过 5 cm。春季多风地区，应覆土厚些，防止被风吹跑落干。播种方法，一般用玉米点播器按规定的株距破膜点种，点播后用细砂或牲畜圈粪、草木灰等疏松物封播种孔，防板结影响出苗。

（九）田间管理

1. 苗期管理技术

（1）破土引苗

玉米全膜双垄集雨沟播栽培技术在春旱时期需要坐水点种，或者墒情好，播种覆土后遇雨，盖土后都会形成一个板结的蘑菇帽，如不及时破碎，易憋芽子，导致苗子出土有先有后，参差不齐，影响整齐度，进而影响产量，所以要破土引苗。破土就是破板结。做法是在玉米胚芽鞘破土而出之前，压碎板结。引苗是把幼苗从膜孔引出来。有些幼苗钻入地膜孔旁的膜内，紧贴地面不能出土，要用手将苗引出地膜孔眼，使其正常生长。

（2）及时查苗补苗

引苗后要及时查苗、及时补苗。播时，可在地头覆膜预备用苗，每公顷 7500~9000 株，用于移栽补苗。方法是在缺苗处开一小孔，将幼苗放入小孔中，浇少量水，用细土封住孔眼。当缺苗达 20%以上，无苗可移栽时，可催芽补种当地露地种植的玉米品种。当缺苗不严重时，可通过每穴双株或 3 株的形式，达到合理密度。

(3) 间苗、定苗

地膜玉米出苗后2~3片叶展开时，即可开始间苗，去掉弱苗。幼苗达到3~4片展开叶时，即可定苗，保留健壮、整齐一致的壮苗。壮苗的标准是：叶片宽大，根多根深，茎基扁粗，生长墩实，苗色浓绿。

(4) 及时打杈

地膜玉米生长旺盛，常常产生分蘖，这些分蘖不能形成果穗，只能消耗养分。因此，定苗后至拔节期间，要勤查看，及时将无效分蘖去掉，即人工打杈。

2. 中期管理技术

(1) 追施氮肥

当玉米进入大喇叭口期，即10~12片叶时，追施壮秆增穗肥，一般每公顷追施尿素225~300 kg。追肥方法是用自制玉米点播器从两株距间打孔，施入肥料。或将肥料溶解在2250~3 000 kg水中，制成液体肥，用壶每孔内浇灌50 ml左右。

(2) 增施锌、钾肥

玉米施用锌、钾肥具有十分显著的增产效果。锌肥的施用方法有两种，一是在春耕时每公顷施22.5~30 kg硫酸锌做底肥，二是在玉米拔节期每公顷用0.05%~0.1%的硫酸锌溶液750 kg进行叶面喷施，全生育期共喷两次。钾肥施用方法是每公顷用150 kg硫酸钾在春季犁地时一次施入。

3. 后期管理技术

后期管理的重点是防早衰、增粒重、病虫防治。若发现植株发黄等缺肥症状时，追施攻粒肥，一般追施尿素75 kg/hm^2。发生黏虫的地块用20%速灭杀丁2000~3000倍液喷雾防治，在10~12片叶（大喇叭口期）用辛硫磷拌毒砂防治玉米螟，玉米抽穗期，用40%乐果或73%克螨特1 000倍液防治红蜘蛛，玉米大小斑病发生时可加入15%粉锈宁可湿性粉剂0.15~0.2 kg。

（十）适时收获

当玉米苞叶变黄，籽粒变硬、有光泽时收获。如果一膜用两年，及时砍倒秸秆覆盖在地膜上，保护地膜。如要换茬，玉米收获后，清除田间残膜，回收利用。

（十一）注意的问题

覆膜后如遇降雨应及时在垄沟内先打孔，使雨水入渗；缓坡地沿等高线起垄；所用基

肥集中在小垄沟内施用；播种不宜过早，以防晚霜冻危害，造成缺苗。

五、甜玉米品质特点及栽培要点

（一）品质特性

甜玉米因控制籽粒甜味的隐性突变基因不同，而分为普甜、超甜、加强甜、甜糯多味和普超甜多味等多种类型。有人称它为蔬菜玉米或罐头玉米。

甜玉米主要以鲜穗上市时，应选用早熟高产、生育期较短的品种类型；实行分期播种，做到分批采收以满足市场时效性需求，最好当天收获、当天处理。当果穗籽粒成熟后，容易变得皱缩，千粒重较低，种子的发芽力较差。

甜玉米种植生产数量较大时，可成批加工成多种高档的营养菜肴，制成速冻甜玉米鲜穗或脱穗籽粒，真空保鲜软包装，制作甜玉米罐头和玉米笋，加工成食品甜味剂等，其茎叶、穗轴等可做营养丰富的精饲料。因甜玉米籽粒含有多种维生素和矿质营养元素，其营养价值和食用品质优良，具有良好的医疗保健作用，可防治高血脂、动脉血管硬化、高血压、糖尿病、癞皮病等。甜玉米食用和加工用途广泛，生产效益和经济价值都较高。

（二）栽培要点

1. 严格隔离种植

甜玉米因其甜质胚乳属隐性遗传性状，若与普通玉米杂交，当代所结籽粒就可能成为普通玉米，甜度大大降低，食用品质下降。应采用隔离种植，与普通玉米大田相距 300～500 m。若有林带、地形等屏障，距离可适当缩小。也可错开播种期，各自前后相差 10～15 天分期播种为宜。不同类型的甜玉米也不宜相邻种植，否则会形成不甜的普通籽粒。

若为收获种子的制种田，甜玉米与非甜玉米或不同类型甜玉米之间，在抽雄散粉前必须进行人工套袋，然后人工授粉制种，防止不同类型间玉米花粉相互串粉，以确保制种质量和生产使用价值。

2. 精细整地，施足基肥，确保全苗

甜玉米由于胚乳含糖多，成熟易皱缩，种子不饱满，播后发芽势弱，顶土力差，保苗率较低。为此，种植甜玉米的地块，必须精细整地，保证底墒充足，土层疏松、细碎，有利浅播和出苗整齐。为确保甜玉米获得较高的产量，宜选用土壤疏松肥沃、土层深厚的土地种植，同时注意防治苗期害虫，尽量少用农药，减少污染，保证食用质量。

3. 适当密植，确保果穗质量

甜玉米商品的食用价值高，既可以青鲜果穗上市销售，也可作为餐桌上特用蔬菜食用等。应提高栽培技术水平和供足肥水，保持适宜的种植密度。

4. 分期播种，分批采收，及时销售

甜玉米供应时间较长，在大中城市的市场需求量较大，可依据当地社会需求和市场发展前景进行预测，合理安排种植计划，选用早、中、晚熟不同品种类型，采取分期播种，实行分批采收，延长鲜穗供应时间，提高经济效益。甜玉米籽粒在乳熟期含糖量高，营养丰富，果穗鲜食或制成加工食品，不能成熟的下位幼小果穗可以做菜用，茎叶是牲畜的优质青饲料。采收期的早晚对籽粒的甜味、鲜穗市场的商品品质和营养成分等影响极大。目前，一般从籽粒外形、籽粒含水、含糖量等来确定采收期。快速、简易的测定办法是及时品尝，以口感来决定采收时期。通常甜玉米适宜的采收期是，在雌穗叶丝受精后20~25 天，在市场销售青鲜果穗者可晚收1~2 天。

5. 推广地膜覆盖栽培，提高经济收益

甜玉米采用地膜覆盖栽培，可提早播种，充分利用早春时机，提前上市供应果穗，既能满足社会需要，又可以提高经济收益。

6. 加强田间管理，减少用药，保证产品质量

甜玉米栽培应慎用农药，对病虫害最好采用生物防治，以确保甜玉米的销售质量。

害虫防治应以玉米螟为重点，因其为害果穗，造成经济损失大。甜玉米具分蘖特性，应及早打杈，在去蘖时不能损伤主茎叶，以免影响果穗正常发育。

六、糯玉米品质特点及栽培要点

（一）品质特性

糯玉米又称黏玉米，即糯质型，属蜡质种，由隐性单基因控制。因为糯玉米类型起源于中国，所以又称为中国糯型玉米。糯玉米籽粒的胚乳中，为支链淀粉，具有很强的黏性，工业用途很广，在轻工业和医药工业上，可生产食用塑料薄膜、塑料制品、医药胶囊、糖果包装、糖衣以及各种变性淀粉、增稠剂、黏合剂、胶黏剂等。糯玉米营养丰富，被人或动物食用后消化和利用率较普通玉米高，是供青穗鲜用的良好食品。整穗或糯玉米籽粒速冻和真空保鲜包装，能制作高级糖果、糯玉米淀粉、糯玉米棒和糯玉米面、高档美

味饮料和配制风味独特的黄酒等，其茎叶、果穗等副产品，又是饲养奶牛、绵羊等营养价值很高的精饲料。

（二）栽培要点

①种植田间设置障碍物或隔离区，避免与异品种类型串粉。
②采用分期播种，播种期应当与普通玉米错开。
③适时分期采收，及时供应市场。
④防治病虫草害，实行综合防治，防止农药污染食品。

第三节　玉米主要病虫害防治技术

近几年来，随着玉米种植面积的扩大，玉米病虫危害也呈加重趋势，已成为玉米生产上的主要限制因素。其主要有病害瘤黑粉病、丝黑穗病、大小斑病等，玉米螟、黏虫和红蜘蛛等，所以，在玉米栽培过程中，必须搞好病虫害的综合防治工作，以最大限度地减少其危害。

一、玉米主要病害防治技术

（一）玉米瘤黑粉病防治技术

又称玉米瘤黑病，玉米瘤黑粉病又称玉米黑粉病，是玉米生产中一种常见病害。病菌常从叶片、茎秆、果穗、雄穗等部位的幼嫩组织或伤口侵入，所形成的黑粉瘤消耗大量的植株养分，影响籽粒商品质量，造成30%~80%的产量损失，严重发病田块可造成绝收。

1. 危害症状

各个生长期均可发生，尤其以抽穗期表现明显，被害的部位生出大小不一的瘤状物，大的病瘤直径可达15 cm，小的仅达1~2 cm。初期病瘤外包一层白色薄膜，后变灰色，瘤内含水丰富，干裂后散发出黑色的粉状物，即病原菌孢子，叶子上易产生豆粒大小的瘤状物。雄穗上产生囊状物瘿瘤，其他部位则形成大型瘤状物。

2. 防治方法

(1) 种植抗病品种

该病毒可侵染种子幼芽或植株的幼嫩组织，所以，严把种子关是杜绝病害发生的有效措施。因地制宜地选用抗病品种是根本措施。

(2) 种子处理

一是选用包衣种子，二是药剂拌种，可选用15%三唑酮可湿性粉剂按种子重量的0.2%~0.3%药量拌种，即50 kg种子拌药0.1~0.15 kg，或50%多菌灵可湿性粉剂重量0.3%~0.7%药量拌种，即50 kg种子拌药0.15~0.35 kg。

(3) 减少和控制初侵染来源

施用充分腐熟的堆肥、厩肥，防治病原传病。及时处理病残体，拔除病株，在肿瘤未成熟破裂前，摘除病瘤并深埋销毁。摘瘤应定期、持续进行，长期坚持，力求彻底。

(4) 加强栽培管理

合理轮作，与马铃薯、大豆等作物实行3年以上轮作倒茬；适期播种，合理密植；加强肥水管理，均衡施肥，避免偏施氮肥，防止植株贪青徒长，缺乏磷、钾肥的土壤应及时补充，适当施用含锌、含硼的微肥。抽雄前后适时灌溉，防止干旱；加强玉米螟等害虫的防治，减少虫伤口。

(5) 药剂防治

用50%克菌丹可湿性粉剂200倍液，用量3.75 kg/hm^2，进行土表喷雾，以减少初侵染菌源。

(二) 玉米丝黑穗病防治技术

玉米丝黑穗病又名乌米、灰包，发病普遍，一般年份发病株率2%~10%，严重发生时病株率达30%以上。该病发生后，首先破坏雌雄穗，发病率等于损失率，严重威胁着玉米的生产。

1. 症状危害

玉米丝黑穗病是苗期侵入的系统性侵染病害，一般在穗期表现典型症状，主要危害玉米的雄穗和雌穗，一旦发病，往往全株无收成。

(1) 苗期症状

受玉米丝黑穗病侵染严重的植株，在苗期可表现各种症状。幼苗分蘖增多呈丛生形，植株明显矮化，节间缩短，叶片颜色暗绿挺直，农民称此病状是："个头矮，叶子密，下边粗，上边细，叶子暗，颜色绿，身子还是带弯的。”有的品种叶片上出现与叶脉平行的黄白色条斑，有的幼苗心叶紧紧卷在一起弯曲呈鞭状。

（2）成株期症状

玉米成株期病穗上的症状可分为两种类型，即黑穗型和变态畸形穗。

黑穗型。病穗除苞叶外，整个果穗变成一个黑粉包，其内混有丝状寄主维管束组织，故名为丝黑穗病。受害果穗较短，基部粗、顶端尖，近似球形，不吐花丝。

变态畸形穗。雄穗花器变形而不形成雄蕊，其颖片因受病菌刺激而呈多叶状；雌穗颖片也可能因病菌刺激而过度生长成管状长刺，呈刺猬头状，长刺的基部略粗，顶端稍细，中央空松，长短不一，由穗基部向上丛生，整个果穗呈畸形。

2. 防治方法

玉米丝黑穗病的防治应采取以选育和应用抗病品种为主，结合种子药剂处理以及加强栽培管理的综合防治措施。

（1）选用优良抗病品种。选用抗病品种是解决该病的根本性措施。

（2）种子处理。一是选用防病的包衣种子；二是可选用2%的戊唑醇湿拌种剂按种子重量0.2%~0.3%用量拌种，即0.15 kg药剂拌种50 kg，力求均匀，稍晾干后播种。

（3）土壤处理。可用50%多菌灵可湿性粉剂，或50%甲基硫菌灵可湿性粉剂药土盖种。每50 kg细土拌药粉0.05 kg，播种时每穴用药土0.1 kg左右盖在种子上。

（4）加强栽培管理。合理轮作，与小麦、谷子、大豆、马铃薯等作物实行3年以上轮作。

（三）玉米青枯病防治技术

玉米青枯病又称玉米茎基腐病或茎腐病，是对玉米生产危害较重的病害。该病病情发展迅速，来势凶猛，一般病株率在10%~20%，严重的40%~50%，特别严重的高达80%以上，农民称之为“暴死”，对玉米产量影响极大。玉米青枯病是典型的土传根病。

1. 症状危害

在自然条件下该病为成株期病害，在玉米灌浆期开始发病，乳熟末期至蜡熟期为显症高峰。从始见病叶到全株显症，一般经历一周左右，历期短的仅需1~3天，长的可持续15天以上。

茎部症状：开始在茎基节间产生纵向扩展的不规则状褐斑，随后很快变软下陷，内部空松，一掐即瘪，手感十分明显。剖茎检查，组织腐烂，维管束呈丝状游离，可见白色或玫瑰红色菌丝病毒秆咬蚀面可见蓝色的子囊壳。茎秆腐烂自茎基第一节开始向上扩展，可达第二、三节甚至全株，病株极易倒伏或折断。

叶部症状：叶片不产生病斑，是茎腐所致的附带表现，大体分为青枯型和黄枯型。青枯型也称急性型，发病后，叶片自下而上迅速枯死，呈灰绿色，水烫状或霜打状，发病快，历期短，田间80%以上属于这种类型。病原菌致病力强、品种比较感病，环境条件对发病有利时发病快，且易表现青枯症状。黄枯型，也称慢性型，发病后叶片自下而上或自上而下逐渐变黄枯死，显症历期较长，一般见于抗病品种或环境条件不利于发病的情况。

多数病株明显发生根腐，初生根和次生根不定根腐烂变短，根表皮松脱，髓部变为空腔，须根和根毛减少，整个根部极易拔出。果穗苞叶青干，松散，穗柄柔软，籽粒干瘪，脱粒困难。

2. 防治方法

(1) 用抗病品种

选育和使用抗病品种。

(2) 加强栽培管理

合理密植，增施基肥，多施有机肥，注意氮磷钾配合使用，增施钾肥、硅肥。平整土地，及时排除积水，及时防治黏虫、玉米螟和地下害虫。扩大玉米、小麦、马铃薯等间作面积，与大豆等作物轮作。

(四) 玉米大斑病防治技术

玉米大斑病也称条斑病、煤纹病、枯叶病、叶斑病。发病普遍，一般年份可造成减产5%左右，严重发生年份可造成产量损失20%以上。

1. 危害症状

主要为害叶片，严重时波及叶鞘和苞叶。田间发病始于下部叶片，逐渐向上发展。发病初期为水渍状青灰色小点，后沿叶脉向两边发展，形成中央黄褐色、边缘深褐色的梭形或纺锤形的大斑，湿度大时病斑愈合成大片，斑上产生黑灰色霉状物，致病部纵裂或枯黄萎蔫，果穗苞叶染病，病斑不规则。

2. 防治方法

防治玉米大斑病应采取以种植抗病品种为主、合理布局品种和栽培防病措施为辅的综合防治措施。

（1）选用抗病品种

选用高产、优质、抗病品种是控制大斑病发生和流行的根本途径。

（2）加强栽培管理

加强农业防治，清洁田园，深翻土地，控制菌源，轮作倒茬，合理密植防止连作和种植过密；摘除下部老叶，减少再侵染菌源；增施钾磷肥，在施足基肥的基础上，适期追肥，尤其在拔节和抽穗期追肥更为重要，防止后期脱肥，保证植株健壮生长。注意灌溉和排水，避免过旱过湿。

（3）药剂防治

在大喇叭口期到抽雄或发病初期喷药。

（五）玉米小斑病防治技术

玉米小斑病又称玉米斑点病，发病较为严重，一般年份可造成减产10%左右，严重发生年份可造成产量损失50%以上，甚至绝收。

1. 危害症状

玉米小斑病从苗期到成株期都可发生，在抽雄灌浆期发生严重。该病主要侵害叶片，也可侵染茎、果穗、籽粒等。发病初期，在叶片上出现半透明水渍状褐色小斑点，后扩大为3~4 mm×5~10 mm大小的椭圆形灰褐色病斑。有时病斑上具轮纹，高温条件下病斑出现暗绿色浸润区，病斑呈黄褐色坏死小点。该病在温度高于25 ℃和雨水多的条件下发病重。

2. 防治方法

防治玉米小斑病应采取以种植抗病品种为主、合理布局品种和栽培防病措施为辅的综合防治措施。

（1）选用抗病品种

选用高产、优质、抗病品种是控制小斑病发生和流行的根本途径。

（2）加强栽培管理

合理密植，实行间套作；深翻土壤，高温沤肥，杀灭病菌；摘除下部老叶、病叶，减少再侵染菌源；施足基肥，增施磷、钾肥，重施喇叭口肥，增强植株抗病力；加强通风透光、降低田间湿度等措施可防治病害发生。

（3）药剂防治

在玉米抽穗前后，病情扩展前喷药防治。70%甲基硫菌灵可湿性粉剂600倍液，用量

1.28 kg/hm^{2}均匀喷雾，每隔 7~10 天喷药 1 次，连防治 2~3 次。

（六）玉米锈病防治技术

近年来，随着玉米种植面积的不断扩大，玉米锈病在玉米田普遍发生，个别年份发生严重，防治不及时，造成籽粒不饱满而减产。

1. 危害症状

主要侵害叶片，严重时果穗苞叶和雄花上也可发生。植株中上部叶片发病重，最初在叶片正面散生或聚生不明显的淡黄色小点，以后突起，并扩展为圆形至长圆形，黄褐色或褐色，周围表皮翻起，散出铁锈色粉末。后期病斑上生长圆形黑色突起，破裂后露出黑褐色粉末。生产上早熟品种易发病，偏施氮肥发病重，高温、多湿、多雨、雾日、光照不足，利于玉米锈病的流行。

2. 防治方法

（1）选用抗病品种

因地制宜选用适合当地种植的抗病品种。

（2）加强栽培管理

施用酵素菌沤制的堆肥，增施磷钾肥，避免偏施、过施氮肥，提高寄主抗病力。清除杂草和病残体，集中深埋或烧毁，以减少侵染源。

（3）药剂防治

在发病初期开始喷药，常用药剂有 25%三唑酮可湿性粉剂 1 500~2 000 倍液，用量 0.375 kg/hm^2，25%丙环唑乳油 3 000 倍液，用量 0.225~0.3 kg/hm^2；12.5%烯唑醇可湿性粉剂 4 000~5 000 倍液，用量 0.15~0.225 kg/hm^2。每隔 10 天左右喷 1 次，连续防治 2~3 次。

（七）玉米顶腐病防治技术

玉米顶腐病近年发生呈上升趋势，防治不及时会造成植株死亡，危害损失严重，潜在危险性较高。

1. 危害症状

玉米顶腐病从玉米苗期到成株期均可发生，以成株期发病多。苗期症状：苗期病株生长缓慢，茎基部变灰、变褐、变黑，叶片边缘失绿，出现黄色条斑，叶片皱缩、扭曲，重病苗枯萎死亡。成株期症状：成株期病株多矮小，但也有矮化不明显的，其他症状更呈多样化。

（1）叶缘缺刻型

感病叶片的基部或边缘出现“刀切状”缺刻，叶缘和顶部褪绿呈黄亮色，严重时1个叶片的半边或者全叶脱落，只留下叶片中脉以及中脉上残留的少量叶肉组织。

（2）叶片枯死型

叶片基部边缘褐色腐烂，叶片有时呈“撕裂状”或“断叶状”，严重时顶部4~5叶的叶尖或全叶枯死。

（3）扭曲卷裹型

顶部叶片卷缩成直立“长鞭状”，有的在形成鞭状时被其他叶片包裹不能伸展形成“弓状”，有的顶部几个叶片扭曲缠结不能伸展，缠结的叶片常呈“撕裂状”“皱缩状”。

（4）叶鞘、茎秆腐烂型

穗位节的叶片基部变褐色腐烂的病株，常常在叶鞘和茎秆髓部也出现腐烂，叶鞘内侧和紧靠的茎秆皮层呈“铁锈色”腐烂，剖开茎部，可见内部维管束和茎节出现褐色病点或短条状变色，有的出现空洞，内生白色或粉红色霉状物，刮风时容易折倒。

（5）弯头型

穗位节叶基和茎部发病发黄，叶鞘茎秆组织软化，植株顶端向一侧倾斜。

（6）顶叶丛生型

有的品种感病后顶端叶片丛生、直立。

（7）败育型或空秆型

感病轻的植株可抽穗结实，但果穗小、结籽少；严重的雌、雄穗败育、畸形而不能抽穗，或形成空秆，类似于缺硼症。病株的根系通常不发达，主根短小，根毛细而多，呈绒状，根冠变褐腐烂。高湿的条件下，病部出现粉白色至粉红色霉状物。

（8）叶缘褪绿型

上部新叶抽生的叶片除了叶边缘出现褪绿黄化现象外，叶片基本正常，是发病最轻的一种症状。稍重的靠近叶片边缘的局部组织变薄、似薄膜状或丝绸状。类似于缺锌症。

2. 防治方法

（1）选择抗病品种

在生产上，应注意淘汰感病的品种，选用抗性强的品种。

（2）加强田间管理

及时排水中耕，增强抗病能力。对玉米心叶已扭曲腐烂的较重病株，可用剪刀剪去包裹雄穗以上的叶片，以利于雄穗的正常吐穗，也可将病株及时铲除，并将病叶和病株带出田外深埋处理。及时追肥，玉米生育进程进入大喇叭口期，要迅速对玉米追施氮磷钾肥，每公顷用尿素 300~375 kg，加 10%的三元复合肥 150~225 kg，用量加硫酸锌肥 24~30 kg，重施攻穗肥，对发病较重的地块更要及早做好追肥工作。同时，要做好叶面喷施硫酸锌肥和生长调节剂，促苗早发，补充养分，提高抗逆性。

（3）药剂防治

一是药剂拌种。常用药剂有 75%百菌清可湿性粉剂、50%多菌灵可湿性粉剂、80%代森锰锌可湿性粉剂等，以种子量的 0.4%拌种，即 50 kg 种子拌药 0.2 kg。二是喷雾防治。对发病田块可选用 58%甲霜灵锰锌 300~500 倍液，用量 1.5~2.25 kg/hm^2，加配 75%百菌清 300~500 倍，用量 1.5~2.25 kg/h^2，加硫酸锌肥 600 倍，用量 1.2 kg/hm^2，以上混合液喷施。或选用 50%多菌灵或 70%甲基硫菌灵 500 倍液，用量 1.5 kg/hm^2，加配 75%百菌清 500 倍液，用量 1.5 kg/hm^2，加硫酸锌肥 600 倍液，用量 1.2 kg/hm^2，喷施。一般喷施两次，间隔期为 5~7 天，喷药后 6 小时内遇雨需重喷。

（八）玉米矮花叶病毒病防治技术

玉米矮花叶病毒病又叫花条纹病、黄绿条纹病，是玉米重要的病毒病之一，该病毒主要在雀麦、牛鞭草等寄主上越冬，是重要的初侵染源，带毒种子出苗后也成为发病中心。病毒主要靠毒蚜虫的扩散而传播。该病在先玉 335 品种玉米田中普遍发生。一般年份平均病株率为 10%左右，严重的病株率为 20%，可减产 15%~20%。

1. 危害症状

玉米整个生育期均可感染。幼苗染病心叶基部细胞间出现椭圆形褪绿小点，断续排列成条点花叶状，并发展成黄绿相间的条纹症状，后期病叶叶尖的叶缘变红紫而干枯。发病重的叶片发黄，变脆，易折。病叶鞘、病果穗的苞叶也能现花叶状。发病早的，病株矮化明显。

2. 防治方法

（1）选用抗病品种

主要有郑单 1 号、武早 4 号、武 105、张单 251、中玉 5 号。

（2）加强田间管理

适期播种，避开蚜虫迁飞高峰期与玉米易感病生育期相吻合。

（3）药剂防治

播种时，用玉米种子重量0.1%的10%吡虫啉可湿性粉剂拌种，即每50 kg种子拌药0.05 kg，防治苗期蚜虫。在传毒蚜虫迁入玉米田的始期和盛期，及时喷洒40%氧化乐果乳油800倍液，用量975 m^3/hm^2喷洒叶面。

二、玉米主要虫害防治技术

（一）玉米螟防治技术

玉米螟又叫钻心虫，是玉米的主要害虫。

1. 形态特征

玉米螟幼虫初孵时体长1.5 mm，头壳黑色，体乳白色半透明，老熟幼虫体长20~30 mm，头壳棕黑色，背部黄白色至淡红褐色，中央背线明显。两侧有暗褐色条纹。腹部1~8节背面各有两列横排的毛瘤，前4个较大。

2. 发生规律

玉米螟以幼虫为害，可造成玉米花叶、折雄、折秆、雌穗发育不良、籽粒霉烂而导致减产。初孵幼虫为害玉米嫩叶取食叶片表皮及叶肉后即潜入心叶内蛀食心叶，使被害叶呈半透明薄膜状或成排的小圆孔，称为花叶；玉米打包时幼虫集中在苞叶或雄穗包内咬食雄穗；雄穗抽出后，又蛀入茎秆，风吹易造成折雄；雌穗长出后，幼虫虫龄已大，大量幼虫到雌穗上为害籽粒或蛀入雌穗及其附近各节，食害髓部破坏组织，影响养分运输使雌穗发育不良，千粒重降低，在虫蛀处易被风吹折断，形成早枯和瘪粒，减产很大。

3. 防治方法

防治玉米螟应采取预防为主综合防治措施，在玉米螟生长的各个时期采取对应的有效防治方法，在全县的各村屯联防，一定会收到非常好的效果。具体方法如下：

（1）农业防治

实行轮作倒茬，采收后及时清除玉米秸秆，将秸秆粉碎还田，杀死秆内越冬幼虫，减少虫源数量。

（2）物理防治

灯光诱杀成虫。因为玉米螟成虫在夜间活动，有很强的趋光性，所以设频振式杀虫灯、黑光灯、高压汞灯等诱杀玉米螟成虫。

（3）药剂防治

在抽雄前心叶末期（大喇叭口期）以颗粒剂防治效果最佳。

（二）玉米红蜘蛛防治技术

玉米红蜘蛛，是一种繁殖能力强、虫口密度高、防治难度大、危害损失重的暴发性有害叶螨。

1. 形态特征

红蜘蛛体形很小，一般体长0.28~0.59 mm，椭圆形，多为深红色。

2. 防治方法

（1）农业防治

①消灭越冬成虫

早春和秋后灌水，可以消灭大量的越冬红蜘蛛。

②清除杂草

清除田埂、地畔、沟渠上的杂草，减少叶螨的食料和繁殖场所，压低虫源基数。

③摘除基部叶片

利用红蜘蛛在玉米生长前期主要在玉米基部叶片集中为害的特性，在红蜘蛛发生初期剪除玉米底部有螨叶片，并装入袋内统一深埋或烧毁。

（三）玉米蚜虫防治技术

玉米蚜虫俗名“蜜虫”，有有翅和无翅两型。广泛分布于玉米产区，可为害玉米、小麦、高粱及多种禾本科杂草。

1. 形态特征及为害症状

一般体长1.6~2 mm，有触角，表皮光滑，有纹。受作物、生育期、环境等的影响，体色有淡绿色、淡黄色、褐色、黑色等。为害初期，蚜虫多密集于玉米下中部叶鞘和叶片背面叶脉处，到蜡熟阶段，多集中到雌雄穗附近或入苞叶内为害。蚜虫群集于玉米叶片背面、心叶、花丝和雄穗刺吸植株汁液，能分泌“蜜露”并常在被害部位形成黑色霉状物。

2. 防治方法

第一，清除田边沟旁的杂草，消灭滋生基地，减少虫量。

第二，药剂防治。种子处理，用10%的吡虫啉可湿性粉剂拌种，对苗期蚜虫有一定防治效果。在玉米大喇叭口期，发现玉米上蚜虫数量大增，群集为害时，每公顷用3%辛硫磷颗粒剂22.5~30 kg撒于心叶内。在苗期和抽雄初期玉米红蜘蛛防治关键期，发现蚜虫较多时，平均每株有蚜虫40头以上、有蚜株率50%以上时，可选用药剂喷雾防治，用10%吡虫啉可湿性粉剂每公顷用0.75 kg，兑水750 kg，连续喷药2~3次，每隔10天1次。

第四节　玉米主栽品种介绍

一、沈单16号

（一）品种来源

辽宁省沈阳市农业科学院用K12×沈137配制的杂交种。通过全国农作物品种审定委员会审定，审定编号：国审玉2003014。

（二）特征特性

株高280 cm左右，穗位高120~130 cm，穗长20~25 cm，穗行数16行，行粒数40粒左右，穗轴红色，果穗筒形，苞叶上长小叶。籽粒橙黄色，半硬粒型，百粒重34.9~37.7 g。在西北春播生育期133天，抗倒伏。容重741~777 g/L，籽粒含粗蛋白9.946%~10.48%、粗脂肪3.42%~3.94%、粗淀粉71.53%~72.66%、赖氨酸0.28%~0.30%；高抗小斑病、矮花叶病和茎腐病，抗大斑病，中抗玉米螟，感丝黑穗病。平均产量11082 kg/hm^2。

（三）适宜范围

适宜甘肃陇东、陇南及中部春播玉米区种植。

（四）栽培要点

直播密度河西60 000~67 500株/hm^2、河东49 500~60 000株/hm^2。

二、豫玉22号

（一）品种来源

河南省农业大学，以综3为母本、87-1为父本配制的杂交种。20世纪末由张掖市玉米原种场和省种子管理总站引进。通过甘肃省农作物品种审定委员会审定。

（二）特征特性

株高268.2 cm，穗位高114.2 cm，茎粗2.5 cm。果穗圆柱形，顶部略有弯曲，穗长20.8 cm，穗粗5.3 cm，穗行数16.4行，行粒数40.6粒。籽粒马齿型，橘黄色，千粒重380.4 g。籽粒含粗蛋白质9.39%、赖氨酸0.32%、粗脂肪4.66%。生育期135天，属晚熟种。抗丝黑穗病、矮花叶病和红叶病，中感大斑病。绿叶成熟，抗倒性中等，平均亩产547.1 kg。

（三）适宜范围

适宜晚熟玉米区种植。

（四）栽培要点

采用宽窄行（宽行83 cm，窄行50 cm）种植。每公顷留苗密度，中等肥力地块40 500~45 000株，高肥水地块可达4 500~49 500株。施足底肥，适期早播，4~5叶间苗定苗。并注意推迟灌头水和第一次追肥，适当蹲苗防止倒伏。重施攻穗攻粒肥，以发挥大穗大粒优势。

三、郑单958

（一）品种来源

郑单958是堵纯信教授育成的高产、稳产、多抗玉米新品种。

（二）特征特性

株高240 cm，穗位100 cm左右，叶色浅绿，叶片窄而上冲，果穗长20 cm，穗行数

14~16行，行粒数37粒，千粒重330 g，出籽率高达88%~90%。郑单958根系发达，株高穗位适中，抗倒性强；活秆成熟，经抗病鉴定表明，该品种高抗矮花叶病毒、黑粉病，抗大小斑病。

（三）产量表现

高产、稳产：20世纪末期两年全国夏玉米区试均居第一位，比对照品种增产28.9%、15.5%。20世纪末期山东试点平均亩产达674 kg，比对照品种增产36.7%；高者达927 kg。经多点调查，958比一般品种每亩可多收玉米75 kg~150 kg。郑单958穗子均匀，轴细，粒深，不秃尖，无空秆，年间差异非常小，稳产性好。

（四）栽培要点

抢茬播种，一般密度在60 000株~75 000株/hm^2，大喇叭口期，应重施粒肥，注意防治玉米螟。

四、金穗8号

（一）品种来源

金穗8号玉米新品种由白银金穗种业有限公司和甘肃农业大学联合攻关育成。经农作物品种审定委员会第二十二次会议审定通过，审定号为甘审玉2007002。

（二）特征特性

该品种叶鞘紫红色。株高236 cm，穗位高86 cm，穗长26 cm，穗粗5.8 cm，行数16.18行，行粒数40粒，千粒重434 g。籽粒黄红色，硬粒型。红轴。生育期124天，与中单2号同熟期。株型紧凑型。前期生长慢，后期生长快。绿叶活秆成熟，具有粮草兼收的特点。

经省农科院测试中心品质化验，含籽粒淀粉75.6%、蛋白质8.923%、脂肪3.82%、赖氨酸0.327%。经河北省农林科学院植物保护研究所鉴定，抗红叶病、抗矮花叶病，中抗大斑病、茎腐病、瘤黑粉病，感小斑病。

（三）产量表现

21世纪初玉米中晚熟组区试中两年平均产量12 878.25 kg/hm^2，两年平均比对照增产

12.7%。

（四）栽培要点

①播前结合整地亩施磷酸二铵 40 kg，在拔节期和喇叭口期分别亩追施尿素 20 kg 和 30 kg；②保苗一般为 60 000~67 500 株/hm^2；③注意防治玉米红蜘蛛。

（五）适宜范围

该品种适于酒泉、张掖、武威、兰州、定西、临夏、白银、平凉、庆阳地（市）中晚熟玉米种植区域栽培种植。

五、武科 8 号

（一）品种来源

武科 8 号玉米新品种于 2013 年 3 月通过审定，审定号为甘审玉 2013011，由河南省大京九种业有限公司在全国范围内开发经营，母本武 5048、父本武 7004，2012 年甘肃品种审定委员会生产试验比郑单 958 增产 11.8%。

（二）特征特性

生育期与对照郑单 958 相同，夏播 96 天，甘肃春播 132 天。幼苗叶鞘紫色，叶片绿色，叶缘紫色。株型紧凑，株高 250~290 cm，穗位高 90~129 cm，成株叶片数 20 片，茎基紫色，花药浅紫色，颖壳绿色，花丝浅紫色。平均穗长 18，穗行数 16~18 行，行粒数 38~40 粒，穗轴白色。籽粒黄色、马齿型，平均千粒重 377g，出籽率 89%左右。

（三）栽培措施

1. 合理密植

4~5 叶期及时间苗，春播种植密度每公顷 90 万株，建议夏播密度每公顷 6 万株左右。

2. 合理施肥

播种前每公顷施复合肥 600 kg、锌肥 22.5 kg 做底肥，播种后 35 天（小喇叭口期）每公顷追施尿素 525 kg。

（四）产量表现

在甘肃省玉米品种区域试验中，平均产量 15 516 kg/hm^2，比对照郑单 958 增产 9.5%。接着在同一地区生产试验，平均产量 16 857 kg/hm^2，比对照郑单 958 增产 11.8%。

（五）适宜区域

适宜在甘肃、郑单 958 种植区域种植。

六、垦玉 10 号

（一）品种来源

由甘肃农垦良种有限责任公司选育，以 LK2029 为母本、LK3715 为父本组配的杂交种，原代号垦玉 2 号。

（二）特征特性

普通玉米品种。幼苗叶鞘紫色，叶片浅绿色，叶缘紫色。株型紧凑，株高 203 cm，穗位高 75 cm，成株叶片数 16~18 片。茎基紫红色，花药黄绿色，颖壳紫色。花丝粉红色，果穗锥形，穗长 19.3 cm，穗行数 13.7 行，行粒数 35 粒，穗轴红色，籽粒黄色、半马齿型，百粒重 31 g，容重 785 g/L，含粗蛋白 12.96%、粗脂肪 3.83%、粗淀粉 70.79%、赖氨酸 0.374%。生育期在临夏、定西等地高海拔区为 133 天，比对照酒单 2 号晚 4 天。抗病性，经接种鉴定，高抗茎基腐病，中抗丝黑穗病，抗瘤黑粉病，中抗玉米矮花叶病，抗玉米红叶病，感大斑病。抗倒性强。

（三）栽培要点

在灌区种植，每公顷保苗 67 500~82 500 株。施肥：基肥应每公顷施磷二铵 300 kg、尿素 750 kg、钾宝 75 kg、硫酸锌 15 kg；追施，拔节期亩施尿素 300 kg，大喇叭口期亩施尿素 300 kg，并注意拌种防治丝黑穗病。

（四）产量表现

在甘肃省玉米品种区域试验中平均产量 8 862 kg/hm^2，比对照酒单 2 号、金穗 3 号增产 24.8%。生产试验平均亩产 6 823.5 kg/hm^2，比对照金穗 3 号增产 13.6%。

（五）适宜区域

适宜在甘肃省临夏、定西等地高海拔区种植。

七、吉祥 1 号

（一）品种来源

吉祥 1 号是甘肃省武威市农业科学研究院等单位选育而出的玉米新品种。

（二）特征特性

夏播生育期 96 天，株型紧凑，株高 251 cm，穗位高 99.4 cm；幼苗叶鞘浅紫色，第 1 叶尖端圆到匙形，第 4 叶叶缘紫红色，全株叶片 20 左右；雄穗分枝中，花药浅红色，花粉量大。花丝浅紫色，果穗筒形，果柄短，苞叶长度中等；果穗长 18.1 cm、粗 5.1 cm，穗轴白色、粗 2.7 cm，穗行数 16.1 行，行粒数 34.6 粒，千粒重 388.4 g，出籽率 90.2%；籽粒黄色，半马齿型。含粗蛋白 10.76%，粗脂肪 3.76%，粗淀粉 75.3%，赖氨酸 0.233%。生育期 134 天。

（三）栽培要点

1. 播期和密度

密度每公顷 52 500~6 000 株左右，不宜超越 75 000 株。要注意播种质量及时间。

2. 田间管理

按照配方施肥的原则进行肥水管理，磷钾肥和其他缺素肥料作为基肥一次施入，氮肥分次施入，重施拔节肥，约占总追肥量的 65%左右，在前茬小麦施肥较为充足情况下，也可采用“一炮轰”的施肥方法。及时定苗和中耕除草。防治病虫害，大喇叭口期注意防治玉米螟。

（四）产量表现

省区域试验（6 万株/hm^{2}2 组），平均产量 9 070.5 kg/hm^2，比对照郑单 958 增产 3.6%；续试（6 万株/hm^{2}2 组），平均产量 10 129.5 kg/hm^2，比对照郑单 958 增产 4.1%；省生产试验（6 万株/hm^{2}1 组），平均产量 9 400.5 kg，比对照郑单 958 增产 7.5%。

（五）适宜区域

黄淮海春夏播，京津唐夏播，东华北春播和西南春播。

八、甘鑫 2818 号

（一）品种来源

由甘肃省武威市农业科学研究所、武威甘鑫种业有限公司选育，以武 9086 做母本、6073 做父本组配杂交而成，原代号武试 30 号。

（二）特征特性

甘鑫 2818 号生育期 139 天。幼叶绿色，叶鞘紫色，全株 19～21 片叶，株型半紧凑，苗期长势旺盛，茎粗 2.6 cm；成株高 259 cm，穗位高 107 cm；雄穗主轴长 36～44 cm，雄穗分枝 5～10 个，颖壳绿色，花药浅紫色，花粉量大。花丝黄色，花丝长，抽丝整洁；果柄短，果穗锥形，果穗长 20.6 cm，秃顶长 0.5 cm，果穗粗 5 cm，穗轴粗 3 cm，穗行数 14.8 行，行粒数 41.0 粒，千粒重 357.3 g，出籽率 83%；籽粒黄色，半马齿型，穗轴红色。籽粒含粗蛋白 9.0%、粗脂肪 6.45%、粗淀粉 74.59%，赖氨酸 0.408%，抗病性鉴定，高抗丝黑穗病、红叶病，抗茎腐病，中抗瘤黑粉病，感矮花叶病、大斑病。

（三）栽培要点

一般 4 月中下旬播种，相宜密度 67500～75000 株/hm^2，田间管理同一般大田玉米。

（四）产量表现

参加甘肃省玉米中晚熟组区域试验，7 个点均匀折合产量 13 219.5 kg/hm^2，比同一对照品种酒试 20 增产 3.4%。8 个点均匀折合产量 11 665.5 kg/hm^2，比同一对照品种沈单 16 增产 2.3%。出产试验中均匀产量 12 117 kg/hm^2，比同一对照沈单 16 增产 10.3%。

（五）适宜区域

适宜中部及陇东地区等地种植。

第四章　水稻作物栽培技术

水稻为禾本科稻属植物，是栽培稻的基本类型。普通栽培稻是野生稻经驯化演变最初形成的栽培稻种，普通栽培稻分布于世界各地。水稻是人类重要的粮食作物之一，耕种与食用的历史都相当悠久。全世界有一半的人口食用稻，主要在亚洲、欧洲南部和热带美洲及非洲部分地区。稻的总产量占世界粮食作物产量第三位，低于玉米和小麦，但能维持较多人口的生活。

第一节　水稻栽培基础

一、水稻的一生

（一）植物学特征

水稻为禾本科稻属，一年生草本植物。

1. 根

水稻根属于须根系，由种子根（初生根）、不定根（次生根）组成。初生根由胚根发育而成，出苗后2~3天，第一片完全叶出现后，陆续形成初生根系。水稻的第二、第三片完全叶长出的同时，在不完全叶的叶节上长出5~6条次生根。第三片完全叶展开时，幼苗根中基本形成通气组织，从此后，苗床或田面可以经常保持浅水层。

分蘖期是水稻次生根系形成的主要时期。四叶期，第一叶节发生分蘖的同时发根。每增加1片叶，发生一轮新根，每层根5~20条。水稻的发根力随生长不断变化，出苗后30天，生根速度最快，40~50天发根力最大，最高分蘖期后15天达到一生根量的高峰期。

2. 茎

稻茎一般为圆筒形，中空，茎上有节，上下两节之间称为节间。茎的基部茎节密集，

节间不伸长，称为根节或分蘖节。茎的地上部分的节间可以伸长，称为伸长节。稻茎的高矮因品种和环境条件而变化很大，一般为 70～110 cm。茎基部节间长短与粗壮程度和倒伏很有关系，短而粗的不易倒伏，长而细的容易倒伏。稻茎各节，除顶节外，都有一个腋芽。这些腋芽在适宜的条件下，都能发育成分枝。凡分枝发生在稻茎地下部分分蘖节上的，称为分蘖。稻茎地上部分各节的腋芽通常呈潜伏状态。

3. 叶

水稻属于单子叶植物，水稻的叶有两种，一种是发芽后从芽鞘中抽出的只有叶鞘，叶片高度退化的不完全叶；另一种是完全叶，完全叶由叶片、叶鞘、叶耳、叶舌、叶枕组成。

4. 穗和颖花

稻穗为圆锥花序。穗的中央有一主轴叶穗轴，穗轴上有 8～10 个节，节上着生一次枝梗，一次枝梗在穗轴上呈 2/5 开度排列。穗轴基部着生枝梗的节叫穗颈节，穗颈节上的枝梗轮生。穗颈节到剑叶叶耳间为穗颈。

一次枝梗上分生出二次枝梗，一次枝梗上着生 5～6 枚小穗；二次枝梗上着生 3～4 枚小穗。每个小穗是一朵可孕花。水稻颖花由小穗柄、小穗轴、副护颖、护颖、外颖、内颖、雄蕊、雌蕊、鳞片构成。水稻是自花授粉作物，花朵开放前即已完成授粉，天然杂交率 0.2%～0.3%。

5. 种子

成熟的稻粒，生产上常称为种子。水稻的种子属颖果，千粒重一般为 25～30 g，由颖壳和糙米两个主要部分组成。

（1）颖壳

颖壳由两个尖底船形的互相钩合着的内外颖构成，外颖的尖端为颖尖，有的品种外颖的尖端延伸形成芒，其长短因品种而异，最长的可达 6～7 cm。

（2）糙米

稻粒去掉颖壳即为糙米，糙米表面光滑，白色或半透明，也有红色、紫色和黑色的。未成熟的糙米呈绿色，成熟的糙米绿色消失而呈白色。糙米除了包在外边的薄薄的果皮外，主要由胚乳和胚两部分构成。胚乳重占种子总重的 83%，胚只占种子总重的 2%，但含有大量的高能营养物质，胚由胚芽、胚轴、胚根和盾片等组成。

（二）生育期

水稻从出苗到成熟所经历的天数称生育期。

水稻的生育期具有一定的稳定性，一般而言，同一品种在同一地区、同一季节、不同年份栽培，由于年际间都处于相似的生态条件下，其生育期相对稳定，早熟品种总是表现早熟，迟熟品种总是表现迟熟。这种稳定性主要受遗传因子所支配。但是，水稻生育期的长短也具有可变性，它会随着生态环境和栽培条件不同而变化。在一定范围内，不论何种品种，一般播种越早，生育期越长；播种延迟，则生育期缩短。当同一品种在不同地区栽培时，表现出随纬度和海拔的升高而生育期延长，相反，随纬度和海拔高度的降低，生育期缩短；当海拔相同而纬度不同时，同一品种的生育期明显地随纬度的降低而缩短，随纬度的升高而延长；而在纬度相同、海拔不同的情况下，同一水稻品种的生育期则随海拔的升高而延长，随海拔的降低而缩短。

（三）生育时期

在水稻的一生中，根据植株的外部形态和内部生理特性，可将其划分为种子萌发期、幼苗期、分蘖期、拔节孕穗期、抽穗开花期和成熟期六个生育时期。每个生育时期的生育特点不同，对环境条件要求各异，只有掌握各个生育时期的生长发育特点，才能及时采取适当的促控措施，获得理想的产量和效益。

1. 种子萌发期

通过休眠的种子，在适宜的温度、水分、氧气条件下，由相对静止状态转变为显著变动状态，开始生长，这个过程叫萌发。当胚根或胚芽开始突破颖基部出现白点时，称为“破胸”。在一般情况下，胚芽鞘首先突破种皮，胚根也随即长出。

种子破胸后，胚根、胚芽继续生长，当胚芽长达到种子长度的一半，胚根长达到种子长度时，为发芽。水稻种子的萌发，主要取决于种子的生活力以及外界条件：

（1）种子生活力的强弱

种子越成熟，发芽率越高；未成熟的种子，其生活力低，不但发芽速度缓慢，在萌发过程中容易霉烂，而且幼苗发育也差；种子储藏时含水量过高，或者受潮、发热、霉烂或受冻，胚的生活力都将受到影响，甚至完全失去生活力，导致不发芽。

（2）水分

种子只有吸足水分才能萌发。最适萌发吸水量为种子饱和吸水量的 70%。种子吸水的速度与温度有关，在 10~40 ℃范围内，吸水速度随水温升高而加快。

（3）温度

种子吸足水分后，还必须在一定的温度下才能萌发。水稻种子萌发的最低温度为 9~10 ℃，但发芽缓慢；萌发的最适温度为 25~30 ℃，发芽比较整齐健壮；种子发芽的最高温度为 40 ℃，超过 40 ℃就会抑制幼根、幼芽的伸长。

（4）氧气

随着水稻种子萌发的进展，由于呼吸作用逐渐增强，种子对氧气需求量逐渐增加。在催芽过程中，稻谷的呼吸作用比浸种（淹水）时的呼吸作用有所增加，到破胸阶段，呼吸作用又逐渐减弱。因此，要求催芽时，种堆不能过厚，水分不能过多，温度不能过高，且要勤翻动，使种子均匀受热通气，含水均匀一致，以防酒精中毒，导致烂籽烂芽。

2. 幼苗期

从出苗到第三片完全叶展开叫作幼苗期，但生产中把秧田期也叫作幼苗期。胚芽向上长出白色而挺立的芽鞘后，从芽鞘中伸出 1 片只有叶鞘的不完全叶，不完全叶的出现，标志幼苗从完全依靠胚乳供应养分转向通过光合作用独立营养的过程。

影响幼苗生长的因素：

（1）温度

粳稻出苗的最低温度为 12 ℃，一般以日平均气温在 20 ℃左右，对培育壮秧最为有利。此外，幼苗的耐低温能力，随着叶龄的增加而减弱。

（2）水分和氧气

水稻幼苗生长过程中，需要一定的水分和氧气，二者又是相互联系和制约的，幼苗在湿润而又不淹水的情况下，因氧气充足，根的呼吸作用良好，生长较快，且根毛多，吸收面积大，进而使幼苗生长健壮。因此，在幼苗根部通气组织形成前，不能长期淹水。

（3）养分

土壤有效养分的多少对幼苗生长有很大影响。水稻三叶期以前，幼苗中 20%的氮是从土壤中吸收的。三叶期以后开始独立生活，因此，应适量施用氮肥，并配合施用磷钾肥。

（4）光照水稻幼苗生长需要一定的光照条件。三叶以前，幼苗主要依靠胚乳供养生长，但光照不足幼苗白化细弱。三叶期以后，光照的强弱对秧苗素质影响很大，光照不足，叶色较淡，叶鞘和叶片生长细长，幼苗纤弱。因此，育苗时应选择光照条件好的秧田，播种时还应掌握适当的播种量。

3. 分蘖期

水稻第四片完全叶抽出，开始发生分蘖。从开始分蘖到开始拔节这段时间称为分蘖期。分蘖是由水稻茎部腋芽发育形成的“分枝”。水稻发生分蘖是个体生长正常的表现，而群体的发展，必须以个体正常生长为基础。如果水稻没有分蘖，说明个体生长受到严重的抑制，很难达到高产目的。因此，分蘖对水稻产量的形成有很大影响。分蘖期生长的特点是：分蘖的增加及以分蘖为中心的发根、出叶、茎的长粗等营养生长的进行。分蘖期决定单位面积有效穗数的关键时期，是为水稻穗发育奠定物质基础的时期。

分蘖在主茎上所处的叶位叫分蘖位。分蘖由下而上依次发生，低位分蘖发生得早，往往形成有效分蘖；高位分蘖发生得晚，容易形成无效分蘖。当全田10%的植株发生分蘖时叫分蘖始期，50%的植株发生分蘖时叫分蘖期。分蘖增加速度最快的时期叫分蘖盛期，分蘖盛期的主茎叶龄等于主茎总叶数的1/2。当田间总茎数同收获的有效穗数相等的日期称为有效分蘖终止期，主茎有效分蘖发生的临界叶龄期等于一生总叶数与伸长节间数之差。当全田分蘖数达到最多的日期，称为最高分蘖期，以后由于无效分蘖消亡，田间总茎数下降，所以最高分蘖期也就是分蘖终止期。

影响分蘖生长的因素：

（1）分蘖发生与秧苗营养状况的关系

秧田期由于播种较密，养分、光照不足，基部节上的分蘖芽大都处于休眠状态。拔节以后生长中心转移，上部节上的分蘖芽也都潜伏而不萌发，所以一般只有中位节上的分蘖节可以发育。秧苗营养充足，生长粗壮，移栽质量有保证，低位蘖多，成穗率高。

（2）分蘖发生与温度的关系

分蘖生长最适温度为25~30 ℃，低于15 ℃或高于37 ℃对分蘖生长不利。水温的影响大于气温。所以，分蘖期气温、水温高，有利于分蘖的早生快发，有利于营养体的生长。

（3）分蘖发生与光照的关系

在自然光照下，水稻返青后3天开始分蘖；自然光照为50%时，返青后13天开始分蘖；当光强降至自然光照强度的5%时，分蘖不发生，主茎也会死亡。

（4）分蘖发生与水分的关系

分蘖发生时需要充足的水分。在缺水或水分不足情况下，植株生理功能减退，分蘖养分供应不足，常会干枯致死，这就是“黄秧搁一搁，到老不发作”的原因。

（5）分蘖与插秧深度的关系

插秧深度在2~3 cm比较适宜，超过此界限插秧越深，对分蘖发生的影响越大。深插由于分蘖节处在通气不良、温度较低的土层中，不利分蘖。插秧过深时，分蘖节下部节间伸长，形成“地中茎”。只有把分蘖节送到上层适宜深处，才能开始分蘖，但使得分蘖发生迟缓，降低成穗率。

此外，水稻分蘖还与品种特性有关，不同品种的分蘖力也有差别。

4. 拔节孕穗期

拔节孕穗期是水稻的营养生长与生殖生长的并进阶段，在叶数不断增长、节间伸长的同时，幼穗开始分化，发根力开始下降，根量不再增加，是产量形成的关键时期。

影响穗分化的因素有：

（1）温度

幼穗分化期是水稻一生中对温度反应敏感的时期。幼穗发育最适温度为 25~30 ℃，在一定范围内温度高，穗分化速度快，分化过程缩短；温度较低，穗分化延长，颖花较多。粳稻低于 19 ℃不利于穗分化。

（2）水分

幼穗分化期水分不足，会导致颖花大量退化并产生不孕花而减产，因而生产中以建立水层为宜。

（3）光照

幼穗梗分化期和颖花分化期如果光照不足，则已形成的枝梗和颖花退化，推迟性细胞成熟，不孕花增多。

（4）养分

幼穗分化期是水稻一生中需肥最多的时期，吸收氮、磷、钾占一生吸收量的一半以上，特别是氮素对穗分化影响最大。叶片含氮量高，分化形成的颖花多；叶片含氮量低，则颖花少，谷壳容积也小，最后形成的籽粒也小，产量低。

5. 抽穗开花期

幼穗发育完成以后，稻穗顶端伸出剑叶叶鞘外时，称为抽穗。一株水稻的抽穗次序一般是主穗先抽，再依各分蘖发生的迟早而依次抽穗。生产上要选择抽穗整齐的品种，加强田间管理，使植株生长健壮、整齐。

在正常条件下，稻穗抽出剑叶的当天或经 1~2 天即可开花。一个颖花的内外颖开始张开到闭合的过程，叫作开花。水稻属于自花授粉作物，异花授粉率仅在 1%以内。

（1）影响抽穗的因素

正常天气，稻穗从剑叶露出到全穗抽出需 4~5 天。其中，第 3 天伸长最快。不同类型品种间，抽穗快慢有所不同，早熟品种抽穗快，晚熟品种抽穗慢；气温低或肥水不足抽穗慢，且易出现“包颈穗”而影响产量和质量。气温高则抽穗快，抽穗的最适温度为25~35℃，过高或过低均不利于抽穗。据研究，水稻安全齐穗的平均气温必须在25℃以上，最低气温在15℃以上。

（2）影响开花的因素

开花期适宜温度为30℃，高于37℃花药易干枯，不利于授粉。低于20℃开花缓慢，低于17℃则不开花，而形成秕粒。水稻扬花期，北方常有冷空气侵入，农谚里说“水稻扬花，怕刮西北风”，这样的天气不利于水稻的授粉，此外，阴雨或低温天气，均不利于授粉受精。

开花期空气相对湿度在50%~90%的范围内都能开花，但以70%~80%为适宜，低于50%则花药易干枯不开裂，花丝不伸长。

6. 结实期

花粉落在柱头上2~3 min即发芽，受精在开花后18~24 h完成。受精后，胚及胚乳开始发育，养分自茎叶向籽实转运，子房开始逐渐膨大，进入灌浆、结实阶段。开花后4~5天，幼胚已经分化，并开始灌浆。从灌浆开始谷粒增长很快，一般开花后7~8天可达到最大长度，8~10天可接近最大宽度，约15天接近最大厚度。此时，米粒基本定型，以后是胚乳的充实，进入成熟过程。

水稻的成熟过程，根据谷粒内容物的形态和色泽，可分为乳熟期、黄熟期（蜡熟）、完熟期3个时期。乳熟期，米粒内容开始有淀粉积累，且呈现白色乳液，之后浊液由淡转浓，再由浓变硬，浆液消失，如蜡状，谷壳转黄，米粒背面仍为绿色，蜡熟期开始。再经8天左右，谷壳呈黄色，米粒硬固，背部绿色转淡，到背面纵沟褪色时，蜡熟期结束，完熟期开始。最后整个谷壳变黄，米粒呈白色，米质坚硬，干物质积累达最大值时，为完熟期。

影响灌浆结实的因素：

（1）温度

灌浆的适宜温度为25~32℃，在15℃以下灌浆极为缓慢，秕粒或青米增加，水稻在13℃以下灌浆将完全停止，空粒增加。

（2）养分

水稻开花受精后，植株由穗的发育转向种子的发育，但为了维持茎叶生机不衰，特别是为了供给灌浆结实的需要，还需吸收部分养分。据研究测定，谷粒物质的2/3以上都来自抽穗后的光合产物。因此，这一时期要防止功能叶片早衰，提高光合效率，同时田间仍应有一定数量的速效养分，但不能过多，尤其速效养分，以免稻株贪青徒长而影响结实。

二、水稻的三性及应用

（一）水稻的三性

1. 水稻品种的感光性

水稻原产于亚热带地区，系短日照性植物。日照时间缩短，可加速其发育转变，使生育期缩短。日照时间延长，则可延缓发育转变，甚至不转变，使生育期延长；或长期处于营养生长状态而不抽穗、开花。水稻的这种因日照长短的影响而改变其发育转变，缩短或延长生育期的特性，称之为感光性。一般晚稻品种或愈是晚熟的品种，其感光性愈强，属于对日照长反应敏感的类型；而早稻品种或愈是早熟的品种，其感光性愈弱，属于对日照长反应迟钝或无感的类型。

2. 水稻品种的感温性

各类水稻品种，在其适于生长发育的温度范围内，高温可加速其转变，提早抽穗；而较低温度可延缓其发育转变，延迟抽穗，使生育期延长。水稻因温度高低的影响而改变其发育转变，缩短或延长生育期的特性，称感温性。

3. 水稻的基本营养性

水稻的生殖生长是在其营养生长的基础上进行的，其发育转变必须有一定的营养生长作为物质基础。因此，即使是稻株处在适于发育转变的短日照、高温条件下，必须有最低限度的营养生长，才能完成发育转变过程，开始幼穗分化。水稻进行生殖生长之前，不受短日照、高温影响而缩短营养生长期，称为基本营养生长期，或短日高温生育期。不同水稻品种的基本营养生长期，其长短各异。这种基本营养生长期的长短的差异特性，称之为品种的基本营养性。至于营养生长期受短日照、高温缩短的那部分生长期，则称之为可消营养生长期。

（二）“三性”在水稻生产中的应用

1. 在引种上的应用

不同地区的生态条件互有差异，在相互引种时必须考虑品种的光温反应特性。凡对温度、光照反应钝感而适应性广的品种，只要生育季节能够保证，且能满足品种所要求的有效积温，引种就比较容易成功。

不同纬度地区之间的引种，如北种南引，由于原产地稻作期间日长一般较长，温度较低，而引种至南方后，稻作期间日长一般较短，温度增高，因而生长发育快，生育期一般都会缩短。因此北种南引，一般引用早熟品种；否则，因其对高温反应敏感，发育快而易出现早穗，穗小粒少，招致减产。南种北引，因光温条件由短日高温变为长日低温，致品种发育迟缓，生育期延长。如引种感光性弱的早稻早熟类型较易成功；而感光性强的晚稻则难以成功，不宜引用。

从低海拔地区向高海拔地区引种（低种高引），由于高海拔地区温度较低，品种发育延迟，生育期也相应延长，因而应引用早熟品种为宜。相反高种低引，应引用晚稻类型品种较为适宜。在纬度、海拔大体相同的地区之间，因两地光温条件大体相同，相互引种的品种生育期变化较小，引种较易成功。

2. *在栽培上的应用*

为满足各类稻田耕作制度对水稻品种搭配、播、插期安排等的要求，以保证高产稳产，同样需要考虑品种的光温特性。

3. *在育种上的应用*

在进行杂交育种时，为了使两亲本花期相遇，可根据亲本的光温反应特性加以调控。如对感光性强的亲本采取适当迟播；或者对感光性强的亲本进行人工短日处理，促使提早出穗、开花。同样也可采用延长光照时间，使出穗、开花延迟，借以调节两亲本的花期。另外，为了缩短育种进程，或者加速种子繁殖，育种工作者多利用秋、冬季节短日高温条件进行繁殖。

第二节　水稻育秧技术

水稻育苗移栽是寒地一种集约化栽培方式。可提早播种，充分利用热量与光能等自然资源；幼苗期便于集中管理，减少或避免直播种容易发生的自然灾害；按计划要求栽苗保证全苗。从而有利于实行栽培技术规范化，进行计划栽培，实现高产的目标。

育苗是水稻栽培的主要环节，壮苗是水稻丰产的基础。因此，培育壮苗是育苗的主要任务。

一、旱育壮苗量化标准

（一）壮苗的形态特征

秧苗的长势旺，生长整齐一致；根系发达，短白根多，无黑根烂根；茎扁蒲状，粗壮有弹性；叶片短、宽、厚，绿中带黄，叶枕距短，无病虫害。

（二）水稻旱育壮苗外部形态五项标准

1. 根旺而白

移栽时秧苗的老根移到本田后多半会慢慢死亡，只有那些新发的白色短根才会继续生长，生产上旱育壮苗根系不少于 10 条，所以，白根多是秧田返青的基础。

2. 扁蒲粗壮

扁蒲粗壮的秧苗，腋芽发育粗壮，有利于早分蘖，粗壮秧苗茎内大维管束数量多，后期穗部一次枝梗多、穗大，同时扁蒲秧体内储存的养分较多，移栽后这部分养分可以转移到根部，使秧苗发根快，分蘖早，快而壮。

3. 苗挺叶绿

苗身硬朗有劲。秧苗叶态是挺挺弯弯，秧苗保持较多的绿叶，对于积累更多有机物，培育壮秧，促进早发有利。

4. 秧龄适当

秧苗足龄不缺龄，适龄不超龄。看适龄秧既要看秧苗在秧田生长时间，更要看秧苗的叶龄，这才能实际反映秧苗的年龄。

5. 均匀整齐

秧苗高矮一致、粗细一致，没有楔子苗、病苗和徒长弱苗等。

二、水稻育苗技术

（一）育苗前的准备工作

1. 苗床地的选择

固定旱育秧田，常年培肥地力，培养床土，不宜随意变动。选择无污染，背风、向阳，水源、电源方便，地势高，干燥，排水良好，土壤偏酸，无杂草，土壤肥沃，地势平坦，无农药残留且四周要有防风设施的旱田、园田地、菜地。尽量不在稻田中育苗，稻田土壤结构不好，土壤通透性差，并且育苗期间灌水，不能育出理想的壮苗。

2. 育苗面积及材料

面积一般按 1：（80~100），即育 80~100 m^2的育苗面积，能插 1 hm^2的水田面积。材料有塑料棚布，大棚钢架，每公顷用秧盘（钵盘）400~500 个，浸种灵、食盐等适量。

3. 整地做床

整地做床应在秋季进行，先浅翻 15 cm 左右，及时耕耙整平，再按不同的棚型，确定好秧床的长、宽，拉线修成高出地面 8~10 cm 的高床，粗平床面，利于土壤风化，挖好床间排水沟。

4. 床土处理

在秋整地、秋做床的基础上，春季化冻后，进一步耙碎整平，按规格做好苗床。

（1）苗床土的配制原则

要求床土疏松，肥沃，有团粒，渗透性良好，保水保肥能力强，偏酸性，无草籽和石块等。

（2）配制营养床土的具体方法

原土是配制床土的主要载体，山区、半山区用山地腐殖土最好；平原地区用旱田土（不打除草剂的土）、水田土；盐碱地区用总干渠底土。每公顷用土量为 2 500 kg，最好头一年运回备用。如果是当年取土最好早运回晾晒，打碎，过筛，一般用 5 孔目筛子将原土的杂草、碎石筛掉。为了提高床土有机质的含量，一般要加草炭或腐熟农肥。

山地腐殖土。一般有机质含量都在 5%以上，同时又偏酸性，渗透良好，因此不必再加有机质。

旱田、水田土。一般比较肥沃的土壤的有机质也在 3%以下，因此必须加 10%左右腐熟好的猪粪或马粪，如加腐熟鸡粪，只能加 5%左右。

盐碱土壤。土壤结构差，有机质含量低，又偏碱，适当增加有机质的比例最为有利。一般加马粪 15%~20%。

有机质肥料同样用 5 孔目筛子筛一遍，然后同原土混拌过筛后备用。床土加有机质后还需要调酸，加化学肥料和消毒后才能叫营养床土。

配营养土的第一步配制调酸剂，山地腐殖土不用调酸。其他床土必须调酸，将床土调到 pH 在 4.5~5.5。一般生产上的做法是先将筛好的马粪或草炭进行酸化，用稀硫酸酸化，一般用 42.5 kg 水加 7.5 ml 浓硫酸，配制时把水称好放入缸内，后倒浓硫酸，倒入后搅拌一下，即成 15%左右的稀硫酸，用塑料喷壶往马粪上浇 15 kg 左右的稀硫酸。混拌均匀后闷半天即成酸化剂。一般情况下盐碱地区需准备浓硫酸 25 kg/hm^2，非盐碱地区准备浓硫酸5~7 kg/hm^2。

第二步用酸化好的马粪或草炭进行床土调酸并加入化学肥料。先做小样试验，先用 4 kg原土加 0.5 kg 酸化马粪，再称 4 kg 原土加 1 kg 酸化马粪，以此 4 kg 原土再加 1.5 kg 已酸化马粪做 5 份样品，分别拌均匀，用试纸测其 pH，使其在 4.5~5.5 范围。同时 1000 kg 床土再加硫铵 2.5 kg、二铵 1.1 kg、硫酸钾 1 kg、硫酸锌 0.1 kg，即制成了营养床土。

（二）种子处理

1. 用种量

一般钵盘育苗用种量 25 kg/hm^2（发芽率在 95%以上），一般旱育苗 30~40 kg/hm^2。

2. 晒种

选择晴天，在干燥平坦地上平铺塑料布或在水泥场上摊开，铺种厚度 5~6 cm，晒 2~3 天，白天晒晚间装起来，在晒的时候经常翻动，保证其受热均匀，目的是提高种子活性。

3. 选种

成熟饱满的种子，发芽力强，幼苗生长整齐、苗壮。一般盐水选种。将盐水配制 1：13比重（约 50 kg 水加 12 kg 盐），其比重值在 1.10~1.13 为宜，将种子放在盐水内，边放边搅拌，使不饱满的种子漂浮在上面，捞出下沉的种子，去掉秋谷，用清水洗 2~3 遍，洗净种子表面的盐水。

4. 浸种消毒

把选好的种子用消毒剂恶苗净每袋 100g，加水 50 kg，搅拌后浸种 40 kg，常温浸种 5~7 天，浸后不用清水洗可直接催芽播种。

5. 催芽

催芽在 28~32 ℃温度条件下，芽整齐一致，如果有催芽器，用催芽器效果最好，正常情况下 2 天左右就能发芽。当破胸露白 80%以上时就开始降温，将种子堆温度控制在 25 ℃适时催芽，芽长以 1~2 mm 为好，催好后放在阴凉处晾芽，等待播种。

6. 架棚做苗床

目前东北多以大棚、中棚为主，小棚育苗很少。一般大棚的规格是宽 5~6 m、长 20 m，每棚可育苗 100 m^2。棚以南北向较好，东西向亦可，在棚内做两个大的苗床，中间为 30 cm 宽的步道，四周挖排水沟，苗床上施腐熟农肥 10~15 kg/m^2，浅翻 8~10 cm，然后搂平，浇透底水。

（三）播种

1. 播种时期的确定

根据当地当年的气温和品种熟期确定适宜的播种日期。水稻发芽最低温为 10~12 ℃，因此当气温稳定在 5~6 ℃时即可播种。

2. 播种量

播种量的多少直接影响到秧苗素质，只有稀播才能育壮秧。旱育苗播量标准以干籽 150 g/m^2、芽籽 200 g/m^2为宜，机械插秧盘育苗的播种量为 100 g/盘芽籽。钵盘育的播量为 50 g/盘芽籽。超稀植栽培播量为 35~40 g/盘催芽种子。

3. 播种方法

隔离层旱育苗播种：在浇透水的置床上铺打孔（孔距 4 cm，孔径 4mm）塑料地膜，接着铺 2.5~3 cm 厚的营养土，浇 1 500 倍敌克松液 5~6 kg/m^2；盐碱地区可浇少量酸水（水的 pH 为 4），可用播种器播种，播种要均匀，播后轻轻压一下，使种子和床土紧贴在一起，再均匀覆土 1 cm，然后用苗床除草剂封闭。播后在上边再平铺地膜，以保持苗床内的水分和温度，以利于整齐出苗。

秧盘育苗播种：秧盘（长 60 cm，宽 30 cm）育苗每盘装营养土 3 kg，浇水 0.75~1 kg，播种后每盘覆土 1 kg，置床要平，摆盘时要盘盘挨紧，然后用苗床除草剂封闭。上面平铺地膜。

钵盘育苗播种：钵盘规格目前有两种规格，一种是每盘有 561 个孔的，另一种是每盘有 434 个孔的，后一种能育大苗，因此提倡用 434 个孔的钵盘。播种的方法是先将营养床土装入钵盘，浇透底水，用小型播种器播种，每孔播 2~3 粒（也可用定量精量播种器），播后覆土刮平。

（四）秧苗管理

秧苗管理要求管得细致，一般分四个阶段进行。

1. 播种至出苗

此期以密封保温为主。棚内温度控制在 30 ℃左右，超过 35 ℃时要通风降温。缺水时要及时补水，苗出齐后立即撤去地膜，以免烧苗。

2. 出苗至 1.5 叶期

出苗到 1.5 叶期幼苗对低温的抵抗能力强，注意床土不能过湿，否则影响根的生长，尽量少浇水，温度控制在 20~25 ℃。当秧苗长到一叶一心时，用立枯净或特效抗枯灵药剂防治立枯病。

3. 1.5~3 叶期

1.5~2.5 叶是立枯病和青枯病的易发生期，也是培育壮秧的关键时期。这个时期对水分最不敏感，对低温抗性强。温度控制在 20~25 ℃，高温晴天及时通风炼苗，防止秧苗徒长。在两叶一心期要追一次离乳肥，苗床追施硫酸铵 30 g/m^2 兑水 100 倍喷浇，施后用清水冲洗一次，以免化肥烧叶。

4. 3 叶期至插秧

此期不仅秧苗需大量水分，而且随着气温的升高，蒸发量也大，床土容易干燥，因此浇水要及时、充分，否则秧苗会干枯。温度应控制在 25 ℃以内，加大通风，棚膜白天可以放下来，晚上外部在 10 ℃以上时可不盖棚膜。

在插秧前 3~4 天追一次“送嫁肥”，每平方米苗床施硫铵 50~60 g，兑水 100 倍，然后用清水洗一次。为了预防潜叶蝇，在插秧前用 40%乐果乳液兑水 800 倍在无露水时进行喷雾。插前用人工拔一遍大草。起秧、运秧，要按当日插秧面积进行，不插隔日秧。

第三节 水稻移栽技术

一、稻田整地

（一）稻田整地的基本作业

稻田土壤耕作的目的是通过耕作改变土壤的理化性状，使之适于水稻生育；同时释放土壤中产生的还原性有毒物质；经过耕作，促使稻田含有的盐碱和酸性物质脱盐碱或转变土壤的生物化学性质，从而保证水稻稳产优质高产的土壤环境。

稻田整地的基本作业包括耕地、耙地、耢地。

1. 耕地

耕地能疏松土壤，改善耕层构造，混合肥料，翻埋根茬杂草，降低病虫危害，还能加深耕作层，较多地容纳水、肥。耕地有秋耕、春耕之分，以秋耕为好。秋耕可以深耕，加厚耕作层，又能晒垡、冻垡，熟化土壤。如果来不及秋耕则要春耕。稻根85%以上分布在18 cm以内耕层中，从高产栽培角度看，秋耕一般应达到15~18 cm，春耕10~15 cm。具体掌握的原则是：肥地宜深，瘦地宜浅；不破坏犁底层，保水保肥；开荒新稻田，不要超过草根层3~5 cm。

2. 耙地

稻田耙地有干耙和水耙两种。干耙一般在春季进行，粉碎垡块，初平田面，再泡田5~7天后进行水耙地，进一步平地，并泛起泥浆，使黏粒下沉，防止水田漏水。

3. 耢地

为进一步整平田面提高插秧和播种质量，为水层管理创造良好条件，插秧或播种前进行耢地，达到上有泥糊、下有团块，土块细碎，田面高低差不超过3 cm。

（二）各类稻田整地要点

1. 老稻田

老稻田土质比较黏重，有深厚的还原层，有害物质多。因此，在秋收后按地势先高后低的顺序进行秋耕。犁耕后通过冬春冻融交替，使土块自然破碎，便于整平耙细。春耕在水田化冻10 cm左右，趁冻底抢翻，深耕10~15 cm，沙性大或地势高的地块一般化冻快可早翻，机械翻不超过20 cm。秋翻地耕深18~20 cm，并与翌年早春化冻后，抓紧在适耕期内再旱耙1~2遍，以减少水分蒸发，防止垡块变硬，不易泡田。在插秧、播种前，根据土质和插秧期或播期适时灌水泡田，将土块浸透、泡软。在播种或插秧前2~3天，将水撤成“花搭水”开始水耙地。而后再用耙子进一步拖平田面，达到插秧或播种状态。

2. 新稻田

新开稻田、旱田改水田和播种年限短的水田，共同特点是漏水较重，田面不平，难以合理灌水。因此整地重点是早耙多耙，平整田面。耕地深度根据土质而定，黏土宜深，壤土宜浅，一般16~20 cm即可。同时应加强水耕水耙，促进犁底层的形成，防止漏水。

3. 盐碱地稻田

不论新老稻田，其首要任务是消除盐碱危害。盐碱地土质黏重，透水性差，耕翻晒垡更为重要。盐碱地翻耕晒垡的好处：一是将含盐量较高的表土翻到下层，并切断底土与耕作层的毛细管，减轻盐分向表土层的积累；二是增加冲洗时土壤与水的接触面；三是秋耕后经过冻融，使垡块松散，有利于春季洗盐；四是通过晒垡使垡心的盐分析出，洗盐时易于溶解，以免造成“闷碱”。

盐碱地翻耕应比非盐碱土深些。黑土层厚（30 cm 左右）、盐碱化土层部位深，一般新开垦地要翻深 15～18 cm，以后再隔年深翻，逐年加深，最深可达 24～30 cm；黑土层薄、盐碱化土层部位高的，要浅翻，避免把盐碱土翻上来，加重耕作层盐碱化。盐碱地种过3～4年水稻后，物理黏粒移动速度加快，形成坚硬的犁底层，影响水稻根系正常发育，因此，利用深松机间隔 35 cm，深松 30 cm，达到不乱土层、全面松土，代替耕地，效果显著。

盐碱地整地前结合泡田洗盐，使 20 cm 耕层土壤全盐量降到对稻苗无害的界限以内，盐碱土全盐量 0.25%～0.30%，含氯量达到 0.1%，就要大量死苗，含盐量超过 0.15%就要洗盐。碱地开发种水稻，一般应在 4 月中旬到 5 月中旬提早泡田，时间长，溶解盐分多。洗盐碱后耕层全盐量低于 0.15%。全盐量 0.5%以上的重盐碱地块应洗 3～4 次，0.5%以下的轻盐碱地洗 2～3 次，每次泡田 3～4 天，则有显著的作用。值得注意的是：洗盐碱时要经常淹没垡块，防止落干，重新返盐。

二、移栽和合理密植

水稻秧苗从秧田移栽到本田，意味着幼苗期已经结束。水稻进入返青、分蘖期，是生长发育上的一个转折点，在水稻生产中是十分重要的环节。水稻移栽必须做到适时早栽，保证插秧质量，合理密植。

（一）移栽时期

水稻的移栽时期，要根据秧苗的类型（中苗或大苗）、安全移栽期和安全抽穗期等来确定。适时早栽，能延长营养生长期，争得低位分蘖，增加有效分蘖，使稻株在穗分化前积累较多物质，有利于壮苗、大穗、增产。黑龙江旱育苗移栽早期界限是以当地气温稳定达 13 ℃、地温达 14 ℃时即可开始移栽，一般为 5 月中旬。

（二）移栽方法和质量要求

移栽的方法有机械插秧、人工手插或摆栽，要按段确定的插秧规格拉标绳或划印。插秧的质量要求，旱育苗插的深度为 2 cm 左右，勿漂、勿深，保不超过 3 cm。摆栽使钵体与地面平即可。浅插土温高、通气好、养分足，利于扎根分蘖，插得要直，不东倒西歪，行向直，行穴距一致。每穴的苗数要均匀，大面积插秧要周密制订计划，起秧、运秧、插秧配合好，防止中午晒秧，不插隔夜秧。插秧后要及时灌水，防止日晒萎蔫，促进返青。

1. **人工手插秧**

（1）秧苗密度、手插秧规格

插秧规格有等距的正方形和宽行窄株两种形式。等距的正方形，优点是：秧苗受光均匀，有利于前期分蘖。但封行过早，造成中后期封闭，通风透光性差。宽行窄株，它能改善群体通风透光的条件，有利于增加穗粒数，降低病害发生指数，提高光合效率。

（2）人工手插秧的质量要求

手插秧苗，应该做到浅插、减轻植伤、插直、插匀。

浅插：移栽深度是影响移栽质量的最重要因素。浅插以不倒为原则，深不过寸，使秧苗根系和分蘖处于通风良好、土温较高、营养条件较好的泥层中，秧苗反青快，分蘖早。如果深插，分蘖节处于通气不良、温度较低的泥层中，除造成返青慢、分蘖晚外，还会出现“二段根”或“三段根”。

减轻植伤：如果秧苗移栽过程中受植伤，会影响返青和分蘖。因此，在移栽中必须减轻秧苗受植伤的程度，其措施主要是提高秧苗素质，增强抗逆性能，保护秧苗根系。

插直：要求不插“顺风秧”“烟斗秧”“拳头秧”。这三种秧插得不牢，受风吹易漂倒，返青困难。

插匀：防止小苗插大棵，大苗插小棵，每穴苗数要均匀一致，行距、穴距大小也要均匀一致。这样，苗才能分布均匀，单株的营养面积和受光率才能保持均匀一致，稻株生长才能整齐一致。

2. **机械插秧**

水稻机械化插秧技术是使用插秧机把适龄秧苗按农艺要求和规范，移栽到大田的技术，机械插秧技术具有栽插效率高、插秧质量好，用机械代替了人工、减轻劳动强度等优点。近年来研究推广的新型插秧技术，在总结吸收国内外工厂化育秧的基础上，采用软盘或双膜育秧，中小苗带土移栽，其秧田与大田比达 1∶100，可大量节省秧田并显著提高育秧工效，育秧成本大为降低，同时标准化育秧方式，为充分发挥插秧机的优越性以及后期的群体质量栽培奠定了良好的基础。

机械插秧农艺要求：插秧深度 1.5~2 cm，每穴株数 3~4 株，均匀度在 80%以上。行距 20~30 cm，株距 15~20 cm。行要直，不漂秧。

机械插秧对大田的要求：机械插秧的田块形状最好是矩形，田块要整平、耙细、泥烂、无杂物，泥脚深度不超过 30 cm，不得有 4m^{2}以上的田面露出水面；耙田后要视土质情况沉淀一段时间再插秧，一般沙土需沉淀 0.5~1 天、黏土 2~3 天，有的泥浆田要沉淀 7 天左右；插秧时要保持水深在 2 cm 左右。

机械插秧对秧苗的要求：苗壮、茎粗、叶挺，叶色深绿，苗高 10~20 cm，土块厚度 2~2.5 cm，成苗 1.5~3 株/ cm^2（杂交稻 1~2 株）秧根盘结不散。盘式秧苗要求四边整齐，连片不断，运送不挤伤、压伤秧苗。

机械插秧操作要求：作业前要将插秧机安装调试好，先空运转 10 min 左右，要保证安装牢固、调整准确、工作可靠。取秧及入土深度一致，运转平稳。先进行试插，检查机组运转情况和插秧质量，如不符合要求应进行再调整直至达到要求。行走方法一般采用梭形走法。机手和装秧手要密切配合。严格遵守起秧、装秧操作规程，秧苗要铺放平整并紧贴秧箱，不要在秧门处拱起。

机械插秧的质量要求：漏耕率不大于 5%，相对均匀度合格率要大于 80%，伤秧率不大于 4%，插秧深度 1.5~2.0 cm，插深一致。作业时要求临界行距一致，不压苗，不漏行。

水稻插秧是水田生产的特殊作业，标准化程度高，无论是采用机械插秧还是人工手插秧，都必须达到如下质量要求：

地平如镜，埂直如线，渠系配套，穴行一致，密度合理，保苗程度高，在有水层条件下作业，必须有健壮的秧苗，泥烂适中，上糊下松，泥烂糊状有利于插秧固苗，下松通气好利于发根。插秧当时的质量更为关键，要根据品种、产量、施肥水平等要求，确定合理的栽培密度和插秧形式及每穴插秧苗数；秧苗要全根下地，运秧、插秧不伤根，做到浅插不漂苗，插秧深度控制在 2~3 cm 间，坚决克服深插，同时防止插窝脖苗。插后要及时补充，补苗是坚持插秧质量的保证。要求插后 3 天内完成此项作业，要注意补充后封好窝，以防再次漂苗。

（三）合理密植

水稻合理密植是充分利用太阳光能和地力，使个体与群体发育协调进行，最终达到单位土地面积上穗多、粒多、粒重的一种丰产栽培措施。

1. 水稻产量构成因素及相互关系

水稻产量是单位面积的穗数、每穗粒数、粒重和结实率四个因素构成的，上述产量构成因素之间，存在相互制约的复杂关系。即单位面积穗数与穗粒数之间呈负相关，穗数增加则每穗粒数减少，穗数减少每穗粒数则增加。每穗颖花数与粒重、结实率之间为负相关，每穗粒数多粒重小、结实率低；粒数少则粒重大，结实率高。在产量构成因素中，单位面积穗数是对产量起主导作用的因素，其中，粒重一般变幅较小，是一个比较稳定的因素。因此，合理密植主要是调整穗数、每穗粒数和结实率之间的相互关系。水稻单位面积的密度是由单位面积的穴数和每穴苗数决定。密度是个群体，群体是由个体组成，对单位面积来说，穴数是个体，对每穴来说，每棵苗是个体，所以合理密植是由单位面积插多少穴、每穴插几株苗、行穴距多少来决定。通过合理密植调整个体与群体的相互关系，使群体得到最大的发展，个体正常发育，以达到每公顷最大的总粒数，从而达到穗多、粒多、粒重、高产的目的。

2. 合理密植增加叶面积，提高光能利用率

水稻体内的干物质90%~95%是光合作用的产物。因此，合理密植扩大绿叶面积，提高光合作用产物的积累，是合理密植增产的主要技术环节之一。在一定范围内群全光合作用产物的积累是随着密度增加而增加，但超过一定的限度，则反而减少。不同水稻品种和同一品种不同生育时期，要求达到的叶面积大小范围是不一致的，目前生产上要求适宜的叶面积系数大体上是：分蘖期3~3.5，拔节期4~5，孕穗期6~8，乳熟期5.5，乳熟末期4.5左右。

3. 插秧规格与密度

水稻本田的密度是由单位面积的穴数和每穴苗数决定。实践证明，在旱育稀植育壮苗的基础上，用带蘖秧稀植，是进一步高产的方向。为充分发挥秧苗的生长能力，每穴苗数要根据单位面积穴数来确定，一般每穴以 4 株为限，多于 4 株出现夹心苗，穴内环境恶化，生育不良。如每穴 4 株苗达不到单位面积株数和穗数，可适当增加单位面积穴数，而不能增加每穴株数。确定密度时要根据品种特性、土壤肥力、秧苗素质、插秧时期等条件具体安排。根据当前土壤肥力状况及主栽品种特性，一般行距采用 30 cm，穴距 13.3~16.5 cm，每穴 3~4 株。

第四节　水稻田间管理技术

加强水稻本田管理，以水调肥、以水调温、以水调气，综合防治病虫草害，促使秧苗

快速返青、提早分蘖、壮根壮秆、足穗、大穗和增加粒重、确保安全成熟，才能获得水稻的高产、稳产、高效。

一、稻田水分管理

稻田水分管理是水稻栽培技术中的一项重要内容，包括灌水和排水两个方面，这两个方面互相协调，共同对水稻生长发育发生作用。合理的灌溉技术是根据水稻的生理需水和生态需水来制定的。了解水分对水稻生理的作用及其对生态环境的影响，才有可能根据各种复杂的栽培条件，因地制宜制定出合理的灌溉技术措施。

水稻一生中，返青期、拔节孕穗期、抽穗开花期和灌浆期对水分的反应较敏感，而幼苗期、分蘖期和结实期对水分反应较迟钝。因此，水稻各生育时期的水分管理，首先应保证重点生育时期对水分的要求，其次根据水稻生育状况和气候变化特点，进行合理灌溉。

（一）插秧前的水层管理

插秧前的水层管理，包括泡垡和耙地。耙地和施基肥一般应同时进行，整地首先按泡垡的要求，一般水层在垡片的 1/3 处，封住池水口子施入化肥，再进行耙地。进一步平整田面提高插秧质量，为水层管理创造良好的条件，插秧前进行耢地，同一池子内地面高低不过寸，寸水不露泥。

（二）插秧至返青期的水层管理

稻田水层的深浅与插秧质量、插秧后的返青快慢有密切关系。寒地水稻旱育稀插秧时要做到花搭水，插秧时地面无水或水层过深，都不利于提高插秧质量。插秧后，应立即建立苗高 1/2~2/3 的深水，以不淹没秧心为好，以水护苗，促进返青。返青后正常年份内保持 3 cm 左右浅水层，低温冷害年份为 5 cm 深，如在返青期遇到寒潮，水层可加深到 6~7 cm，提高水温、地温，以加速土壤养分转化。低温过后要立即放水，正常管理。

（三）分蘖期的水层管理

分蘖期稻田灌溉水层，直接影响水稻生育。在寒地稻区，水层的温度对分蘖发育的影响大于气温，水稻分蘖早生快发，除秧苗素质外，主要取决于水温。因此，促使分蘖早生快发，根系发达，稻株健壮，以浅水灌溉有利。因为浅灌可以提高水温和地温，增加土壤氧气和有效养分，并使稻株基部光照充足，能为水稻分蘖创造良好的环境条件。水层浅时分蘖早、分蘖节位低，不但能增加分蘖的数量，而且提高分蘖的质量。返青后到有效分蘖终止期间，一般灌 3~4 cm 水为宜，以提高水温。低温连续出现，日平均水温低于 17 ℃时，应加深水层保护稻苗。

分蘖末期为控制无效分蘖，一般采用两种方法：一是深灌 10~12 cm 水层，降低水温和地温，削弱稻株基部光照强度，以抑制后期无效分蘖。但应注意深灌时间不宜过长，一般以 7 天左右为宜，否则会使根系发育不良，稻株生长软弱，引起后期倒伏，也可发生病害。二是排水晒田，使表层土壤水分减少，控制水稻对水分和养分的吸收，以抑制后期分蘖的发生，此种措施具有较多的优点，特别是在多肥高产栽培的低湿田，其增产效果较大。

如果采用井水灌溉，要昼停夜灌，采取设晒水池、延长灌水渠、加宽进水口、表层水灌溉等增温措施，防止或减轻水温低对水稻生长发育的影响。灌水要在日落前 1~2 h 到日出后 1~2 h 进行。

当田间茎数达到计划茎数的 80%时，要对长势过旺、较早出现郁闭、叶黑、叶下披、不出现拔节黄及土质黏重、排水不良的低洼地块，撤水晒田 5~7 天；相反则不晒，改为深水淹。晒田程度为田面发白、地面龟裂、池面见白根、叶色褪淡挺直，控上促下，促进壮秆。

（四）拔节孕穗期水层管理

水稻幼穗发育期，光合作用强，代谢作用旺盛，外界气温一般较高，水稻蒸腾量较大。此时生产 1 g 干物质需要 395~635 g 水，是水稻一生生理需水最多的时期，特别是花粉母细胞减数分裂期，对水分最为敏感，为满足水稻生育中期的需水需求，把水层灌到 6~7 cm 比较适宜，并要求活水灌溉。在花粉线细胞减数分裂期出现低温时（平均气温低于 18 ℃，最低气温为 13 ℃），应将水层加深到 15~20 cm。这时大部分颖花处于地上 8~14 cm高度，使幼穗淹没在水层之中，可免受低温冷害，低温过后立即正常灌水。在抽穗前 3~5 天，可以进行间歇灌水，因为较长时间的深水灌溉，土壤中氧气不足，毒气增多，影响根系的生理机能。采取这一措施能够向土壤输送氧气，排除积存过多的有毒气体。

（五）抽穗开花期到成熟期水层管理

抽穗开花期也是水稻水分反应敏感的时期，如水分不足，会造成抽穗不全，受精不好，秕粒增加。因此，抽穗后土壤应保持饱和水状态。为了维持叶片的活力，延长叶片功能时期，促进稻株光合作用，并使茎、叶中储存的有机养料顺利地转运到籽粒中去，增加粒重，减少秕粒，必须供给水分。但淹水会使土壤氧气供应不足，降低根系活力，导致叶片早衰。因此，抽穗后20~25天采取间断灌水方法，使土壤保持饱和水状态。此后根据成熟情况停灌，一般蜡熟后期停灌（大致抽穗后30~35天），黄熟初期排干。漏水较高的稻田适当延长灌水时间，要防止土壤过早缺水，以免由于叶鞘含水量的降低从而引起倒伏或由于绿叶面积的过早减少，而增加垩白米，降低稻米质量。

二、稻田施肥

据分析，每生产100 kg稻谷，需要吸收氮素1.8~2.5 kg、磷素0.9~1.2 kg、钾素2.1~3.3 kg，三者比例约2∶1∶2.5。水稻对营养元素的吸收，一般是插秧返青后逐渐提高，至抽穗前达最高，以后逐渐减少。

（一）基肥的施用

基肥应在施用有机肥料的基础上，同时配合一定数量的化学肥料，在施肥时要有计划地实施稻草还田，有机肥与无机肥配合，氮、磷、钾配合，化肥与微肥配合，提高肥料的利用率。化学肥料应遵循基肥为主、追肥为辅的原则。

1. 增施农肥

高产实践证明“水稻高产靠地力，小麦高产靠肥力”。为了不断培肥稻田，除合理耕作改良土壤外，在施肥方面要积极有计划地实施稻草还田，有机肥与无机肥配合，氮、磷、钾配合，化肥与微肥和激素配合，配比合理，提高肥料利用率。有机肥与无机肥配合施用，不但可以平衡土壤有机质，而且对营养元素的循环和平衡也有积极作用。稻草还田和施用有机肥，可增加土壤多种营养元素，并提供具有生长激素和生长素类化合物，保持土壤氮肥储量，对水稻具有特殊意义。因为在水稻土中，化肥氮素的残留量一般极少，甚至没有，而有机肥中的氮素，被当年水稻吸收利用一些后，仍有部分氮素残留在土壤中，可有1~2年的后效。有机肥料中的有机酸和腐殖酸，不但能与铁、铝等络合，而且腐殖酸还能在胶态氧化铁、铝表面形成保护膜，从而减少化学肥料磷被土壤的固定，提高施肥效果。要提倡氮、磷、钾三要素的合理配合，不但可以提高产量，还可以提高稻米品质，提高化肥利用率。稻田施用基肥，一般腐熟有机肥的施用量为15 000~22 000 kg/hm^2。

2. 深施化肥

用化肥做底肥，这是施肥技术上的一大改革。据各地试验表明，施尿素75~112.5 kg

做基肥的比整地后施于地表的增产 11.3%～16.5%。

具体施肥方法一般有如下三种：

第一，秋翻地块可在翻地前施入。已秋翻秋耙地块可在春季水耙前施入，春翻地在翻地前将化肥撒施田面。但这种施肥方法要求整地的基础一定要平。

第二，灌水泡田后，水耙前施用。先堵好水口，将化肥均匀地撒入田块，然后用手扶拖拉机或其他耙地工具，将化肥耙入耕层 6～8 cm 或更深些，使化肥与土壤充分混合在全耕层里。

第三，旋耕施入。有旋耕条件的地方，先把化肥撒在地表，随后用旋耕将其混拌在 12～14 cm的耕层里。

总之，无论哪种施肥方法，都要注意到随施肥随翻耙，不可间隔时间过长，特别是第二种水耙前施肥，要注意耙后尽量少排水，必须排水的地块也要注意 5～6 天后再排水，以防肥料流失。

（二）追肥的施用

1. 分蘖期的施肥

早粳类型水稻，营养生长期较短，分蘖和穗分化关系为重叠型。插秧后一个月左右即进入幼穗分化，施足基肥和分蘖肥，稻体含氮量较高而进入幼穗分化期，促使枝梗和颖花分化。分蘖期施基肥可起到增蘖、增花的双重作用。分蘖期追施的氮肥，为使在分蘖期盛蘖叶位见到肥效，必须在插秧返青后立即施肥。以 12 叶品种为例，第 6 叶为盛蘖叶位，为使蘖肥在 6 叶期见肥效，必须在 4 叶期追肥，即 4 叶追肥，5 叶和 6 叶见效最多。如施两次分蘖肥，第二次分蘖肥应在 6 叶期施，使肥效反应在有效分蘖临界叶位以后，并有保蘖作用，但易增加无效分蘖。分蘖期追施氮肥用量，一般为全生育期总施氮量的 30%左右。用尿素 45～68 kg/hm^2，以之补给分蘖所需养分，并调整水稻长势长相。施肥方法，一般先施计划用量的 80%，过几天再用剩余的 20%氮肥。浅水施肥，施肥后一般 6～7 天不灌不排，缺水补水，使肥水渗入土中，再正常灌溉。

2. 穗肥的施用

施用穗肥的目的，既能促进颖花数量增多，又能防止颖花退化。一般在抽穗前 15～18 天施用穗肥，穗肥施用时期，以倒数 2 叶长出一半左右时施用，使颖花分化期及花粉母细胞减数分裂期见到肥效，以防止颖花退化，扩大颖花容积。施肥量不宜超过总氮肥量的 10%～20%。如果水稻长势过于繁茂或有稻瘟病发生的病兆，则不施穗肥，钾肥为全生育期用量的 40%~50%。

3. 粒肥的施用

粒肥可以维持稻株的绿叶数和叶片含氮量，提高光合作用，防止稻株老化，增加结实率和粒重。但粒肥施用不当则引起贪青晚熟，一般是水稻必须在安全抽穗期前抽穗或水稻生长后期有早衰、脱肥现象时才能施用，施肥期应齐穗期至抽穗后 10 天内施用。施肥量为全生育期总用氮量的 10%左右，尿素 15~22.5 kg/hm^2。此外，采取根外追肥也是省肥防早衰，加速养分运转的好办法，每公顷用尿素 7.5 kg、过磷酸钙 15~30 kg，加水 1 125~1 500 kg，过滤后叶面喷施；或用磷酸二氢钾 2.25 kg/hm^2，加水 1 050~1 200 kg，叶面喷施效果也好。

第五节　水稻收获储藏技术

一、收获时期

水稻的适宜收获时期，主要依据稻粒充实程度及稻粒含水量，同时考虑生产目的和收割方法。即在水稻充分成熟的前提下，种用收割时期，必须在初霜之前，免遭霜冻而降低发芽能力；商品粮在完熟期收割。一般稻粒变黄，含水量 17%~20%，茎秆含水量 60%~70%为水稻的生理成熟期，也是开始收获的适期。水稻收获适期的标准是水稻抽穗后 40 天以上，活动积温 850 ℃以上，95%以上的籽粒颖壳变黄，2/3 以上穗轴变黄，95%以上的小穗轴和副护颖变黄，即黄化完熟率 95%以上。多数穗颖壳变黄，小穗轴及护颖变黄，水稻黄化完熟率 95%以上为收获适期。

二、收获方法

1. 直接收获

直接收获就是用联合收割机进行收获。枯霜后稻谷水分降至 16%时进行机械直收，严防稻谷捂堆现象发生，及时倒堆，降低水分，严防温度过高产生着色米而影响稻谷品质。水稻直收综合损失率 3%以内，降低滚筒转速，谷外糙米不超过 2%。

2. 机械分段收获

割茬 12～20 cm，晒铺 3～5 天，稻谷水分降至 16%左右时及时脱谷或人工捆捆码垛，严防干后遇雨，干湿交替，增加水稻惊纹率，降低稻谷品质。

3. 人工收割

人工收割要捆小捆，直径 20 cm 左右，码入字码，翻晒干燥，稻谷水分降至 16%时及时上小垛，防止因雨雪使稻谷反复干湿交替，增加裂纹率，降低稻谷品质，小垛码在池埂上，及时倒出地利于秋整地。

三、安全储藏

水稻种子从收获到播种，一般历时 8～11 个月的储藏时间。种子在储藏过程中不断进行呼吸，发生生理、生化代谢，如果没有适宜的储藏环境和相应的安全储藏措施，种子就会丧失生活力。因此，搞好种子安全储藏具有重要的意义。

针对水稻种子的储藏特点，为保证水稻种子在储藏过程中不发生劣变，要抓好下列措施：

1. 做好仓库的修补、清仓和消毒工作

种子入库前，应检查仓库、麻袋及其他器材，做到不残留种子，无仓储害虫，无农药和化肥污染。检查仓库密封性，发现缝隙应及时修补。

2. 留种稻谷要充分成熟

因为未充分成熟的稻谷青粒较多，而青粒越多，储藏越困难。

3. 霜前抢晴收割

水稻种子胶体结构疏松，易受冻害影响，所以要在霜前的晴天收割，以利稻谷储藏。

4. 分级储藏保管

水稻种子入库要严格检验分级，按不同品种、品质、水分等情况分批分级分仓储藏保管。每批种子都要用标签标明品种、种子品质状况，根据其不同的品质、水分采取适宜的保管措施。

5. 控制入库种子水分

为有效地控制种子内部的生理活动、微生物的繁育和仓库中螨类的滋生，稻谷在入库前必须降到安全水分标准才能进仓储藏。安全储藏水分标准应根据不同品种、温度而定，

一般在高温季节稻谷含水量应在13%以下，而在低温季节可放宽至14%以下。

6. 控制种子净度

水稻种子的安全储藏还与稻谷的成熟度、净度、病粒、残粒等有关。如种子饱满、杂质少，基本上无虫害及芽谷，安全程度就高；反之，安全程度就低。所以，稻谷收割入库前必须及时清选，剔除破损粒、秕粒和病虫粒，以利于安全储藏。

7. 做好治虫防霉工作

仓虫的大量繁殖会引起储藏种子发热，还会损伤种子的皮层和胚部，使种子完全失去种用价值。仓虫可采用药剂熏杀的方法进行控制。同时，采取措施降低储藏种子的水分，控制储藏环境的空气相对湿度，使它们都处于较低的水平下，以抑制霉菌的发生。

8. 选择合适的储藏方式

根据具体情况，如大量种子储藏和长期储藏可采用散装，如数量少、品种多和短期储藏可用袋装。

9. 要根据天气情况和储藏稻谷情况进行通风换气

必要时进行翻晒晾种。还要定期检查种温、水分及虫害，如发现异常情况，应立即采取措施，以防恶化。

第五章　化学肥料与施用

化学肥料是指用化学方法制造的或用某种矿石加工制成的肥料。化肥种类很多，一般按其所含的营养成分可分为：氮肥、磷肥、钾肥、复合肥和微量元素肥料。从施肥效果来看，化肥的特点有：养分含量高、成分单纯；肥效快、肥效短；有酸碱反应。

第一节　氮肥与磷肥

一、氮肥

（一）氮在植物营养中的作用

氮素与生命活动有直接关系。氮是蛋白质的主要成分。氮素供应充足，蛋白质合成多，构成原生质就有充足的物质基础。氮素供应充足细胞分裂快，植株高大，枝叶繁茂，根系发达。氮素也是叶绿素的重要组成成分。氮素充足时叶绿素合成得多，有利于光合作用，制造的碳水化合物也就多。

植物体内许多酶、维生素中都含有氮素，它们参与植物体内多种生理生化过程。

当氮素供应不足时，植物生长受到抑制，植株矮小细弱，叶片柔薄、色浅，根系不发达，花器官发育不好，结实率下降，籽粒不饱满。影响作物的产量和品质。

当氮肥供应过多时，植物体内的糖多转化成蛋白质和其他含氮物质，含糖量相对降低，构成细胞壁的纤维素和果胶都相应减少，限制细胞壁加厚。植株贪青徒长、茎秆细弱易倒伏，抗寒、抗旱能力下降，营养器官发育延长，产品品质下降。

氮素供应丰缺数量是相对的。在低产条件下认为是过量的氮肥用量，在高产情况下就会变成不足。适当的氮肥用量要根据产量高低、管理水平和氮、磷、钾肥的合理配比来决定。

（二）氮肥的种类、性质及施用

氮肥的品种很多，按氮肥中氮素化合物存在的形式来看，可分为铵态氮肥、硝态氮肥和酰铵态氮肥三种。各类氮肥有其共性和个性。

1. 铵态氮肥

铵态氮肥有氨水、碳酸氢铵、硫酸铵和氯化铵等。这些肥料的氮素都是以铵离子形态存在。

铵态氮肥的共性是易溶于水、易被作物吸收利用，肥效发挥迅速。遇碱性物质后分解出氨气挥发。铵态氮肥在贮存、运输和施用过程中应注意挥发损失和烧伤植物根系。切忌与石灰、草木灰等碱性物质混合。在碱性土壤或石灰性土壤上施用时应注意深施、覆盖。特别是氨水和碳铵等挥发性强，更应注意。铵离子能与土壤胶粒上吸附的阳离子进行代换作用。

吸附态铵离子在土壤中移动性小、不易流失，可逐步供给作物吸收利用，肥效比硝态氮的肥效长。所以，铵态氮肥既可做追肥也可做基肥。铵态氮肥在通气良好条件下，其所含铵态氮可变成硝态氮素，增加氮素在土壤中的移动性，便于作物吸收利用。

（1）硫酸铵

简称硫铵，含氮量20%~21%。我国通常以硫铵为氮肥的标准肥。纯净的硫铵是白色结晶，但炼焦厂出品的硫铵因含有少量杂质而带有颜色，并有少量游离酸存在。硫酸铵的物理性质较好，纯净的硫酸铵在自然状况下很少吸潮，也不结块，便于贮存和施用。但在含游离酸较多时也会发生结块现象。

硫铵易溶于水（温度20 ℃时100 kg水中可溶75 kg硫铵），是速效性氮肥。硫铵是化学中性肥料，也是生理酸性肥料。这是因为硫铵施入土壤后铵离子被植物吸收，硫酸根离子只有少量的被吸收，大部分还残留在土壤中的缘故。

在常温下硫铵的化学性质比较稳定，不易分解。肥沃土壤缓冲性高，肥料所产生的酸不会影响土壤性质。

硫铵做基肥、追肥和种肥均可。做基肥施用时，一般每公顷用量225~450 kg。施肥深度应集中在根系分布的土层。追肥的用量要根据地力水平、作物品种、产量高低和作物生长状况来定。追肥方法在前期可挖坑或开沟施肥，施后覆土浇水，中后期可随水灌溉。在随水灌溉时用肥量不宜多，以防流失。

做种肥时硫铵和种子应分开，以防硫铵局部过多烧伤种子。硫铵适用于各种土壤，在碱性或石灰性土壤施用时应深施覆土，以避免铵态氮挥发造成损失。在酸性土壤中连年大量施用会增加土壤酸度，可施少量石灰以中和土壤酸度。

（2）碳酸氢铵

简称碳铵，由于它的挥发性极强，故俗称气肥，此肥现在已经不常用。

碳铵为白色或淡灰色细粒结晶，含氮量17%~17.5%。易溶于水，但溶解度不高，20 ℃时100 kg水中可溶解21 kg左右，水溶液的pH为碱性。

碳铵可做基肥和追肥，不宜做种肥。做基肥时边撒边耕翻，把碳铵翻到表土以下，然后耙平。做追肥时可穴施或沟施后立即覆土。施肥深度6~9 cm，也可随水灌溉后中耕。严防撒在地表，既损失氮素又烧伤作物。碳铵不能做种肥，因碳铵挥发产生的氨气影响种子发芽。

碳铵易挥发又易结块，给运输、贮存和施用带来很多困难。因此，在贮运时必须防高温、防潮、防止和碱性物质混合堆放。包装要严密，袋子随用随开，切不可散袋堆放。

（3）氯化铵

含氮量24%~25%，白色结晶，吸湿性小，不结块，物理性状好，易运输和贮存。氯化铵易溶于水（20 ℃时100 kg水中可溶解37 kg氯化铵），肥效较快。氯化铵是含氯化肥。氯虽然也是作物必需的营养元素，但需要量很少，有些作物还对氯敏感，氯多了会影响品质和产量，氯离子还易于提高土壤溶液浓度，造成土壤盐类浓度障碍，不利于作物生长发育。目前很多中低浓度的复混肥料中都含有氯化铵，作物施肥时必须慎用。

2. 硝态氮肥

肥料中的氮素是以硝酸根形式存在。硝态氮肥的品种有硝酸铵、硝酸钾、硝酸钠和硝酸钙。硝态氮肥的共同特点是均为速效性养分、易溶于水、吸湿性强，在雨季吸湿后能化为液体。硝态氮肥在土壤中分解出来的硝酸根是阴离子，不能被土壤胶体吸附保存。在土壤溶液中流动性大，灌溉或降雨时容易淋溶至土壤深层，蒸发时又随水向上移动，集聚在土壤表层，灌溉量过大则造成硝态氮损失。

在嫌气条件下，硝态氮可经反硝化作用形成游离态分子氮和各种氧化氮气体而丧失肥效。此现象常发生在水田。

硝态氮肥吸湿性强，易燃、易爆。在高温高湿情况下能潮解成糊状。吸湿后天气变干燥时又可失水而干燥结块。硝态氮肥受热时易爆炸。在储存、运输过程中应注意安全。

硝酸铵，简称硝铵，含氮量33%~35%，白色细粒结晶。硝酸铵分子中一半是铵态氮，一半是硝态氮，兼有两种氮素肥料的特性。但由于它极易溶于水，吸湿性强，所以把它归为硝态氮肥。

硝铵在空气潮湿时会吸水液化，液化后又能变干结块，给施用造成不便。所以工厂生产的硝铵造粒时表面附有防潮剂，呈浅黄色颗粒。

硝铵是中性肥料，硝铵中的铵和硝酸根两种离子都能直接被作物吸收。硝铵适用于各种作物和土壤。硝铵施入土壤后它所含的铵态氮被土壤胶体吸附，而硝态氮则溶在土壤溶液中，所以不仅能快速显示肥效而且有一半能陆续供作物利用。硝铵适于做追肥，不宜做种肥或基肥，一般不能在水田施用。

硝铵含氮量高，一次施量以每公顷计 150~225 kg 为宜，不宜过多，施用时注意施匀，表面覆土，既要防止硝态氮被还原，又要防止铵态氮挥发。在硝铵结块后最好用水溶解，不要用铁锤猛击。

3. 酰胺态氮肥

凡含有酰胺基或在分解过程中产生酰胺基的氮肥，称酰胺态氮肥。这类肥料主要有尿素和石灰氮两种。肥料中所含的酰胺态氮经微生物作用转化成铵态氮之后供作物吸收。代表肥料是尿素，尿素的学名碳酰二胺，俗称尿素，是我国当前固体氮肥中含氮量最高的肥料。近年来在我国发展很快。

尿素是白色结晶，无臭无味。纯的尿素是白色针状或棱状晶形。含氮量 44%~48%。易溶于水，在 20 ℃时每 100 kg 水中可溶 52.5 kg 尿素，水溶液呈中性。尿素中各种成分全能被利用，是优质高效氮肥。

尿素施入土壤后以分子形态存在，其中一少部分以分子态进入植物体被吸收利用，大部分是在尿素细菌分泌的脲酶作用下，进行氨化作用转化成碳酸铵。

尿素的转化速度主要取决于脲酶的活性。尿素分解细菌分泌的脲酶又与土壤酸碱度、土壤肥力、土壤水分和温度等因素有关。在有机质丰富，水分、温度适宜的条件下尿素的转化速度很快。据试验，土壤温度对尿素转化速度的影响较明显。在 10 ℃时需 7~10 天可全部转化，当 20 ℃时需 4~5 天，当 30 ℃时只需 2 天就可全部转化。黏质土壤中脲酶活性大，含腐殖质高的土壤比贫瘠土壤中脲酶含量高，中性土壤比酸性或碱性土壤中转化得快。

尿素可做基肥，最宜做追肥和根外追肥，一般不做种肥。也可做牲畜（反刍动物）饲料添加剂。

由于尿素含氮量高，施用量要较其他氮肥相应减少，所以要注意施匀。施用量过大不仅损失养分，还会危害作物。

尿素在旱地施用无论做基肥或追肥都应注意深施盖土，使肥料处在湿润土层中，这样有利于尿素转化，也防止转化后的铵态氮挥发损失。在水田施用时要结合中耕，使肥料进入土壤中。另一方面尿素转化后才能被土壤吸附，所以施肥后不要急于灌水，待转化后再灌水。尿素溶液呈中性反应，直接和植物茎叶接触时伤害较小。

尿素的分子体积小，易透过细胞膜，进入植物体后以酰胺态直接参加植物体的氮素代谢。因此尿素适宜做根外追肥，叶面喷洒。

4. 长效氮肥

目前施用的化学氮肥大多是速效的，由于作物不能在短时间内全部吸收利用，常有大量氮素损失，用量较大时又会造成作物徒长或烧苗。多次追肥花费劳力多。新研制的长效氮肥则弥补了速效氮肥缺点。当前的品种有：

缓释氮肥：指由于化学成分改变或表面包涂半透水性或不透水性物质，而使其中有效养分慢慢释放，保持肥效较长的氮肥。缓释氮肥的最重要特性是可以控制其释放速度，在施入土壤以后逐渐分解，逐渐为作物吸收利用，使肥料中养分能满足作物整个生长期中各个生长阶段的不同需要，一次施用后，肥效可维持数月至一年以上。

长时间田间试验与研究结果表明，在通常情况下，氮肥施入土壤以后，仅有30%~50%能被作物吸收利用，而其余部分则白白损失掉了。造成氮肥损失，乃是由于氨的挥发、淋失、硝化与反硝化作用所致。研制和施用缓释氮肥，就是为了降低氮肥的溶解速度，使氮肥在缓溶解过程中陆续为作物提供氮素，防止大量施用时因局部浓度过高而伤害作物种子、幼苗或灼伤叶子等不良后果，以达到提高氮肥利用率的目的。

使用甲醛与尿素、硫脲、苯酚、双氰胺和三聚氰酰胺的缩合物，环氧聚酯与丙烯酸树脂、聚氨基甲酸酯、聚苯乙烯、聚乙烯、聚酰胺、聚丙烯氰、聚氯乙烯聚偏二氯乙烯、醋酸乙烯酯、油类、树胶和乳胶等聚合物改变氮肥的化学成分，而使其中有效养分慢慢释放，保持肥效较长的氮肥。

（1）脲醛肥料

脲醛肥料的生产方法基本上有两种，浓溶液法和稀溶液法。这两种方法主要控制参数为尿素与甲醛摩尔比、反应温度、反应时间、催化剂以及 pH 值等。

（2）异亚丁基二脲

异亚丁基二脲，是一种白色晶体，理论含氮量 32.18%。分子量 174.21，比重 1.3，在 205 ℃熔化并分解，不吸水，在冷水中溶解度极低，室温下每 100 mL 水中溶解 0.1~0.01

g，氮素活度指数 96。粉末状和颗粒状均可使用。由于这种缓释氮肥在水中溶解度低，可以有效地控制氮素释放，氮肥利用率比脲甲醛大一倍，而且可与其他化肥混合使用。

（3）异亚丁基二脲中添加聚丙烯酰胺

异亚丁基二脲中添加聚丙烯酰胺，然后造粒，可以在旱田中做土壤改良剂，增加土壤团粒结构，提高作物产量，异亚丁基二脲可用于旱田作物和水田上。在水田上使用异亚丁基二脲和使用硫铵对比，水稻产量高 20%～25%。异亚丁基二脲除作为肥料以外，还可作为反刍动物配合饲料及单胃动物（如禽类、猪、兔、马等）的饲料。

（4）草酸铵

草酸胺，又名草酸二酰胺，乙二酰胺。含氮 31.81%。白色晶体，微溶于热水和乙醇中，冷水中几乎不溶，100 g 水中在 7 ℃时溶解 0.04 g，100 ℃时溶解 0.6 g。熔点 419 ℃，比重 1.667，不吸水，无毒，可无限期贮存。

草酸胺非常适合做缓释氮肥，但因其成本较其他品种肥料高，所以未能广泛使用。草酸胺作为肥料是有其优越性的，可使水稻增产 0～30%。草酸胺造粒以后施用，其肥效比其他缓释氮肥（如异亚丁基二脲）为佳。草酸胺的水解速度受土壤中微生物和草酸铵粒度的影响，粒度越大，溶解越慢。

（5）尿素-Z

尿素与乙醛反应，生成一种主要由亚乙基二脲和二乙基三脲构成的混合物，也可出现少量的羟乙基脲与尿素，该混合物统称为尿素-Z。

（6）二亚糠基三酰脲

这是以尿素与糠醛缩合物。已有小规模生产。糠醛是精制食用油过程中的副产物。

（7）甘脲

该产品是在有盐酸存在下，尿素与乙二醛反应而制得。甘脲含氮 39%，具有良好的缓效性，没有植物毒性，是有效的缓效氮肥。

（8）三嗪（三氮杂苯）

这是一类由三个碳原子和三个氮原子组成的环状化合物，如氰尿酸、三聚氰酸-酰胺、三聚氰酸二酰胺和蜜胺。含氮 32%～66%。三氮杂苯是在加压下尿素和氨反应而制得。

（9）含离子交换剂的肥料

这种交换剂是与至少含有两个氮原子的碱性碳酸衍生物组成的氮肥。当氮原子直接与碳酸中的碳原子化合时，便制得了聚合碳酸衍生物。适宜的阳离子交换剂有磺酸基、羧基、膦基，它们可单独使用，也可配合使用；也可使用沸石。适宜的氮化合物包括胍、蜜胺和脒基脲。

（10）磷酸镁铵

磷酸镁铵是一种白色固体，有一水和六水两种结晶状态。市售的商品肥料，大田试验中证明磷酸镁铵对树木、果树、观赏植物是良好的肥料，也可用于海带、紫菜等的施肥。

5. 对可溶物质使用的包膜材料

按其性质分为三种类型：

（1）半透水性膜

包裹的半透水性包膜材料由于水分渗入，内部压力增大，在一定时期膜被胀破，肥料再释放出来。

（2）微生物不能分解的不透水性膜

可溶物质通过不透水性膜的微孔而扩散，由膜的厚度或密封程度调节氮的释放速度。

（3）微生物可分解或可降解的不透水性膜

在养分释放前，不透水性膜因化学作用、微生物作用及磨损作用而破裂。

硫包尿素：在包膜肥料中，硫包尿素占有特殊地位。这主要是由于硫本身即为包膜材料又是营养元素，而且成本较低。硫包尿素一般含氮量为36%~37%。硫包尿素适用于生长期长的作物，如牧草、甘蔗、菠萝，以及间歇灌溉条件下的水稻等，不适于快速生长的作物，如玉米之类。硫包尿素比普通尿素被作物吸收的有效利用率可提高一倍，硫包尿素作为水稻的氮源是有前途的，某些硫包尿素获得的谷物产量，明显高于使用尿素而获得的谷物产量。

树脂包膜的尿素：树脂包膜的尿素是采用各种不同的树脂材料，主要由于释放慢，起到长效和缓效的作用，可以减少一些作物追肥的次数，玉米采用长效尿素可实现一次性施用底肥，改变以往在小喇叭口期或大喇叭口期追肥的不便，在水稻田可以在插秧时一次施足肥料即可以减少多次作用的进行。蔬菜上，特别是一些地膜覆盖栽培的蔬菜使用长效（缓效）肥可以减少施肥的次数，提高肥料的利用率，节省肥料。试验结果表明，使用包衣尿素可以节省常规用量的50%树脂包膜尿素的关键是包膜的均匀性和可控性以及包层的稳定性，有一些包膜尿素包层很脆，甚至在运输过程中就容易脱落，影响包衣的效果，包衣的薄厚不均匀、释放速率不一样也是影响包膜尿素应用效果的一个因素。目前包膜尿素还存在一个问题，有的包膜过程比较复杂、包衣材料价格比较高，经过包衣后使成本增加过高。影响肥料的应用范围，有些包膜材料在土壤中不容易降解，长期连续使用也会造成对土壤环境的污染，破坏土壤的物理性状。目前很多人都在进行包衣尿素的研究，通过新工艺、新材料的挖掘使得包衣尿素更完美。

二、磷肥

（一）磷在植物营养中的作用

磷是植物体内的重要物质核蛋白、植素、磷酸腺苷的重要成分。核蛋白是细胞核和原生质的主要成分。磷脂是原生质的重要成分，对细胞的渗透性和原生质的缓冲性有一定的作用。植素是贮存磷的物质，可供种子萌发和幼苗生长对磷的需要。磷酸腺苷储藏的能量很高，在作物体内有调节能量的作用。

磷是多种酶的组成成分，参与作物的呼吸作用、光合作用和蛋白质、糖、脂肪的合成和分解过程。作物体内的无机磷是形成有机磷化物的原料，同时也有创造细胞膨压和调节细胞酸碱反应的作用。

生产实践中磷素供给充足时，作物根系发达，促进分蘖、分枝，缩短生育期，使其籽粒饱满，提高籽粒或果实中淀粉、糖和脂肪中含量，增强作物的抗寒和抗旱能力；当磷供应不足时，新细胞的形成受阻，幼芽和根系生长受到强烈抑制，生长迟缓，植株矮小，叶片卷曲。因糖的代谢受抑制，糖相对积累，有利于花青素形成，使茎叶出现紫红色条纹或斑点，延迟成熟，穗小、粒少，籽粒不饱满；磷供应过剩时，作物不利于碳水化合物积累，植物节间缩短，繁殖器官过早发育，植株早衰，影响作物的产量和品质。

总之，磷在作物体内的作用是多方面的，它是作物体内重要化合物的组成成分，也参与作物体内的代谢过程，对增产起重要作用。

（二）磷肥的种类、性质及施用

根据磷肥中磷化物溶解度的大小和作物对它吸收的难易可分为水溶性、枸溶性（弱酸溶性）和难溶性三大类。过磷酸钙和重过磷酸钙两种常用磷肥都属水溶性磷肥，主要成分是磷酸一钙。能溶于水，作物能直接吸收利用，肥效快，是速效磷肥。

1. 过磷酸钙

又称过磷酸石灰，简称普钙，在产品中还有许多副成分，如硫酸钙、硫酸铁、硫酸铝和游离的硫酸、磷酸等。有酸味，腐蚀性强，易结块。

过磷酸钙是灰白色粉末或颗粒，有效磷含量 12%～18%。由于过磷酸钙吸湿性强，结块后又降低肥效，故在贮存过程中要注意防潮。

过磷酸钙适用于各种土壤和作物。由于含有大量石膏，在盐碱地上有改良土壤的作用。可做基肥、种肥和追肥，也可配成水溶液做根外追肥。

2. 重过磷酸钙

含有效磷36%～52%。由于含有效磷的数量是过磷酸钙的2～3倍，所以又称二料或三料磷肥，简称重钙。

重过磷酸钙的性质比普通过磷酸钙稳定，易溶于水，水溶液呈弱酸性。吸湿性强，易结块，吸湿后不发生磷肥退化。重过磷酸钙产品呈粒状，物理性能好，便于贮存和施用。

3. 钙镁磷肥

钙镁磷肥系用磷矿粉、蛇纹石、白云石、焦炭等按一定比例混合，高温煅烧而成。肥料呈灰白色、褐色或灰绿色，玻璃质细粒或粉末。物理性状良好，不潮解、不结块，便于运输和贮存。钙镁磷肥中所含磷均为枸溶性，肥效较慢，施入土壤后，移动性小，不易固定或流失，但它是碱性肥料，在我国南方酸性土壤上肥效较好，在碱性、石灰性土壤上肥效不如普通过磷酸钙。蔬菜施肥中可用作钙和镁的供应材料。施用时注意不要和铵态氮肥混合，以免引起氮的挥发损失。

4. 注意施肥方法，提高磷肥利用率

磷肥的当季利用率低，一般只有10%～25%。在有些地区还有年年施磷肥土壤中仍然缺磷的现象。这是因为在土壤中的水溶性磷形成沉淀，被土壤中的黏粒矿物吸附或被土壤微生物暂时利用的缘故。

有效磷在各种土壤中移动性都小，试验证明移动性一般不超过1～3 cm，大多数集中在施肥点周围0.5 cm的范围内。所以，施肥方法是提高磷肥利用率的关键。在施肥方法上要减少肥料与土壤颗粒的接触，避免水溶性磷酸盐的化学固定，又要让磷肥置于根系密集的土层，增加根系与肥料的接触，以利于吸收。所以水溶性磷肥颗粒化有利于提高其利用率，但是对于非水溶性磷肥则以粉末状施用为佳。

磷肥做基肥、追肥施用时，撒施、沟施或穴施均可。可单独施用，也可将磷肥和有机肥混合或氮、磷、钾化肥相混合施用。施肥深度在地表下10～20 cm处，农作物根系集中的土层，以利作物吸收。当磷肥与有机肥混合施用时磷肥中的速效磷提供了微生物繁殖的能源，有机肥料中分解的有机酸增加了难溶性磷的溶解，也减少了磷的固定，特别在石灰性土壤上尤为明显。

磷肥可直接拌种，也可将磷肥和草木灰混合后拌种。随拌随播，以免拌种后放置时间过久影响种子发芽。

作物生育后期根部吸肥能力减弱，进行根部追肥也很困难，叶面喷施能及时供给作物所需要的养分。

在根外追肥时，常用的肥料品种有磷酸二氢钾、磷酸铵、过磷酸钙和重过磷酸钙。若使用磷酸二氢钾和磷酸铵时可配成0.2%～0.3%溶液。若使用过磷酸钙则在100 kg水中加2～3 kg磷肥浸泡一昼夜，用布滤去渣滓，喷洒叶面即可。共喷2～3次，每次间隔7～10天。重过磷酸钙的使用方法和过磷酸钙相同，只是用量减少1/2～2/3。

第二节　钾肥与微量元素

一、钾肥

（一）钾在植物营养中的作用

钾元素与氮、磷两种元素不同，它不参加植物体内有机物的组成，但在植物生活中有多方面的作用。

钾在植物体内能活化酶，促进光合作用，从而增进糖和淀粉合成。在制造碳水化合物的同时增强了蛋白酶的活性，为增加蛋白质含量提供了能源和氮素。

钾能增加原生质胶体的亲水性，使植物有较强的持水能力，增强植物抗旱性。由于钾能增强糖的贮备和增加细胞渗透压，因而也提高了植物的抗寒性。

钾能提高植物体内纤维素含量，促进维管束发育，增加细胞壁机械组织强度，从而使茎秆强壮，增强了抗倒伏和抗病能力。

钾在植物体内大多以离子状态存在，容易移动。缺钾时，钾则从老叶转移到新叶中再度利用。由于钾的再度利用性较大，所以缺钾症一般出现较晚，先从老叶开始逐渐向上部嫩叶扩展。缺钾的症状是叶片尖端和边缘开始发黄，继而变褐色，最后呈灼烧状干枯以致脱落。缺钾的叶片因输导组织发展不平衡，使叶片形状异常。蔬菜对钾素的需求量较大，果菜类缺钾时出现畸形果；叶菜类缺钾时叶缘干枯，内叶表面具褐斑。极度缺钾使植物易感染病害。

当钾素供应过多时，由于离子间的拮抗作用，影响作物对钙、镁的吸收利用。

（二）钾肥的种类、性质及施用

常用的钾肥有氯化钾、硫酸钾和草木灰等。

1. 氯化钾

白色结晶，吸湿性不大，但是贮存时间长或空气中湿度大时也能结块。易溶于水，是速效性肥料。氯化钾是化学中性、生理酸性肥料。

氯化钾施入土壤后，钾以离子状态存在，它能被作物直接吸收利用，也能与土壤胶粒上的阳离子置换。被吸附后的钾在土壤中移动性小，一般可做基肥施用。在缺钾的土壤中做追肥的增产效果也很明显。由于氯化钾含有大量氯离子，所以在忌氯作物（如烟草）和盐碱地上不宜施用。若必须施时要及早施入，以便于降雨或灌溉水将氯离子淋溶到下层。氯离子易使土壤盐浓度升高，是土壤盐类浓度障碍的因素之一。

2. 硫酸钾

白色结晶，吸湿性小，贮存时不易结块。易溶于水，是速效性钾肥，属于化学中性、生理酸性肥料。

硫酸钾的价格比氯化钾贵，一般情况下可选用氯化钾。施硫酸钾可提高烟草的燃烧性，棉、麻的纤维品质，水果、蔬菜的耐贮存性能，另外对洋葱、韭菜也有提高产量和改进品质的作用。茶叶和观赏植物也应施用硫酸钾。

硫酸钾做基肥、追肥均可。由于钾在土壤中流动性差，所以做基肥较好。施肥深度应在根系集中的土层。做追肥时应集中条施或穴施到根系密集的湿润土层中，减少钾的固定，也利于根的吸收。

3. 草木灰

草木灰是植物体燃烧后残留的灰分，通常以稻草、麦秸、玉米秆、棉花柴、树枝、落叶等燃料燃烧所得，是我国农村长久以来普遍施用的钾肥。

燃烧完全的草木灰是灰白色，燃烧不完全的因残留碳粒而呈灰黑色。

草木灰中含有多种元素，如钙、钾、磷、镁、硫、铁等，其中以钙和钾的数量最多，以钾素为最重要，故称为钾肥。

草木灰中含有多种钾盐，其中主要是碳酸钾，其次是硫酸钾和少量氯化钾。草木灰中的钾 90%能溶于水，是速效性钾肥。草木灰中所含的磷一般是弱酸溶性，钙镁盐也是作物能吸收利用的。在特高温时燃烧生成的草木灰则呈难溶的硅酸钾和难溶的磷酸钙形态。

草木灰的成分和植物种类有关。一般草灰中含硅酸多，磷、钾、钙的含量则比木灰少。即使同一品种植物，幼嫩组织的灰分含磷、钾多，衰老组织的灰分则含钙、硅多。

草木灰是碱性肥料，不能和铵态氮肥混合贮存和施用，也不能和人粪尿、棚圈粪混合堆腐施用，以免造成氮素挥发损失。

（三）钾肥的有效施用条件

过去认为我国南方土壤缺钾，北方土壤不缺钾，在一般产量水平下也看不出缺钾症状。近年来有机肥施用量减少，农作物产量不断提高，特别是在复种指数高的菜田土壤中速效钾含量迅速下降，施用钾肥的效果明显。在化学钾肥供应不足情况下，应首先在缺钾地块和高产地块施用，在粮田和菜田中应首先用于菜田。

二、微量元素

作物生长的全部过程需要大量的碳、氢、氧、氮、磷、钾、硫、钙、镁等元素，也被称为大量元素。此外还需要一些数量很少，土壤中含量也很低的元素，被称为微量元素。它们是硼、锰、铜、锌、铁、钼等。

微量元素在植物体内多属于酶或一些维生素的组成成分，在植物生长发育中是不可缺少和不能互相代替的。当土壤中某种微量元素供应不足时作物会出现缺素症状，产量低，品质差，有花无实，严重时甚至颗粒不收。但是这些元素过多，又会发生中毒现象，也会影响产量和品质。大多数微量元素在植物体内不能转移和再被利用，微量元素的缺乏症状常表现在新生组织上面。

（一）土壤中微量元素的存在情况

土壤中微量元素的丰缺与成土母质有关，也受土壤环境的影响。当土壤碱性高时，常出现缺铁、缺锌、缺锰症状。在南方淋溶作用强的情况下也出现缺硼、钼的症状。菜田的复种指数高、产量高，在有机肥施用量减少的情况下，微量元素在各种蔬菜作物上已显出增产效果。

（二）常见的微量元素肥料的作用、种类、性质及施用

微量元素在作物体内含量虽少，但它对植物的生长发育起着至关重要的作用，是植物体内酶或辅酶的组成部分，具有很强的专一性，是作物生长发育不可缺少的和不可相互代替的。因此当植物缺乏任何一种微量元素的时候，生长发育都会受到抑制，导致减产和品

质下降。当植物在微量元素充足的情况下，生理机能就会十分旺盛，这有利于作物对大量元素的吸收利用，还可改善细胞原生质的胶体化学性质，从而使原生质的浓度增加，增强作物对不良环境的抗逆性。

1. 硼肥

(1) 硼对植物生长的作用

土壤的硼主要以硼酸的形式被植物吸收。它不是植物体内的结构成分，但它对植物的某些重要生理过程有着特殊的影响。

硼能参与叶片光合作用中碳水化合物的合成，有利于其向根部输送；它还有利于蛋白质的合成，提高豆科作物根瘤菌的固氮活性，增加固氮量；硼还能促进生长素的运转，提高植物的抗逆性。它比较集中于植物的茎尖、根尖、叶片和花器官中，能促进花粉萌发和花粉管的伸长，故而对作物受精有着神奇的影响。

(2) 缺硼症状

农作物缺硼一个重要的症状是子叶不能正常发育，叶内有大量碳水化合物积累，影响新生组织的形成、生长和发育，并使叶片变厚、叶柄变粗、裂化。植物生长点和幼嫩植物缺硼可造成多种病症，因植物不同而异。但最早的病症之一是根尖不能正常地延长，同时受抑制。在植物体内含硼量最高的部位是花，因此缺硼常表现为甘蓝型油菜“花而不实”，花期延长，结实很差。棉花出现“蕾而无花”，只现蕾不开花。小麦出现“穗而不实”，结实少，籽粒不饱满。花生出现“存壳无仁”等现象。果树缺硼时，结果率低、果实畸形，果肉有木栓化或干枯现象。

(3) 硼肥性质和使用方法

①性质

硼肥主要有硼砂和硼酸，都是白色结晶或粉末，硼酸易溶于水，硼砂在 40 ℃热水中易溶。

②使用方法

可做基肥或追肥，施用量为 7.5~15 kg/hm^2。追肥宜早施，注意施匀。根外追肥浓度为 0.05%~0.1%硼酸或硼砂 0.1%~0.3%，每公顷喷 750 kg，选择作物由营养生长转入生殖生长时期喷施为好。浸种浓度为 0.01%~0.05%，时间 6~12 h。拌种每千克种子用 0.4~1.0 g。蘸根浓度为 0.1%~0.2%，硼肥有一定后效，一般可持续 3~5 年。

2. 钼肥

(1) 钼对植物生长的作用

土壤中钼以钼酸盐和硫化钼的形式存在。植物对钼的需要量低于其他任何矿质元素，至今仍未明了植物吸收钼的形式以及钼在植物细胞内的变化方式。高等植物的硝酸还原酶和生物固氮作用的固氮酶都是含钼的蛋白，钼肥充足能大大提高固氮能力，提高蛋白质含量。可见钼的生理功能突出表现在氮代谢方面。钼还能促进光合作用的强度以及消除酸性土壤中活性铝在植物体内累积而产生的毒害作用。

(2) 缺钼症状

农作物缺钼的共同表现是植株矮小，生长受抑制，叶片失绿、枯萎以致坏死。豆科作物缺钼，根瘤发育不良，瘤小而少，固氮能力弱或不能固氮，由于豆科作物对钼有特殊的需要，故易发生缺钼现象，为此，钼肥应首先集中施用在豆科作物上。缺钼在酸性土壤的可能性最大，沙质土壤缺钼要比黏质土壤常见。随着土壤 pH 升高，钼的有效性增大。

(3) 钼肥性质和使用方法

常用锰肥有钼酸铵、钼酸钠。

①性质

钼酸铵是青白或黄白色结晶，易溶于水，钼酸钠是青白色结晶，易溶于水。

②使用方法

可做基肥种肥或追肥，施用量为750~1 500 g/hm^3，注意施匀。根外追肥浓度为0.01%~0.1%，每公顷喷 750 kg，选择作物在苗期或现蕾期。浸种浓度为 0.05%~0.1%，时间 12 h。拌种每千克种子用 1~3 g。蘸根浓度为 0.1%~0.2%，钼肥有一定后效，一般可持续 3~5 年。

3. 铜肥

(1) 铜对植物生长的作用

铜参与植物的光合作用，它可以畅通无阻地催化植物的氧化还原反应，从而促进碳水化合物和蛋白质的代谢与合成，使植物抗寒、抗旱能力大为增强；铜还参与植物的呼吸作用，影响到作物对铁的利用，在叶绿体中含有较多的铜，因此铜与叶绿素形成有关；铜具有提高叶绿素稳定性的能力，避免叶绿素过早遭受破坏，这有利于叶片更好地进行光合作用。

(2) 缺铜症状

缺铜时，叶绿素减少，叶片出现失绿现象，幼叶的叶尖因缺绿而黄化并干枯，最后叶片脱落；还会使繁殖器官的发育受到破坏。植物需铜量很微，植物一般不会缺铜。

（3）铜肥性质和使用方法

常用铜肥为硫酸铜。

①性质

蓝色晶体，易溶于水。

②使用方法

可做基肥，施用量为15～20 kg/hm^2，注意施匀。根外追肥浓度为0.2%～0.3%，每公顷喷750 kg，浸种浓度为0.01%～0.05%，时间12 h。拌种每千克种子用2～4 g。铜肥有一定后效，一般可持续3～5年。

4. 锌肥

（1）锌对植物生长的作用

在氮素代谢中，锌能很好地改变植物体内有机氮和无机氮的比例，大大提高抗干旱、抗低温的能力，促进枝叶健康生长；锌参与叶绿素生成，防止叶绿素的降解和形成碳水化合物；锌主要参与生长素的合成，是某些酶（如谷氨酸脱氢酶、乙醇脱氢酶）的活化剂；色氨酸合成需要锌，而色氨酸是合成生长素的前体。现在已经知道锌是80种以上酶的成分。

（2）缺锌症状

果树缺锌在我国南北方均有所见，除叶片失绿外，在枝条尖端常出现小叶和簇生现象，称为小叶病，严重时枝条死亡，产量下降。在北方常见有苹果树和桃树缺锌，而南方柑橘缺锌现象较普遍。此外，梨、李、杏、樱桃、葡萄等也可能发生缺锌。水稻缺锌表现为稻缩苗。玉米缺锌，叶片出现沿中脉的失绿带与红色斑状褪色现象。土壤含锌从每亩几十克到几千克。细质地土壤通常比沙质土壤含锌高。随着土壤pH升高，锌对植物生长的有效性降低。

（3）锌肥性质和使用方法

常用锌肥为硫酸锌和氯化锌。

①性质

白色结晶，易溶于水。

②使用方法

可做基肥、种肥或追肥，施用量为30～60 kg/hm^2，注意施匀。根外追肥浓度为0.2%～0.3%，每公顷喷750 kg，浸种浓度为0.02%～0.05%，拌种每千克种子用2～6 g。

5. 铁肥

(1) 铁对植物生长的作用

植物从土壤中主要吸收氧化态的铁。土壤中有三价铁也有二价铁，一般认为二价铁是植物吸收的主要形式。铁在植物中的含量虽然不多，通常为干物重的千分之几。

铁有两个重要功能，一是某些酶和许多传递电子蛋白的重要组分，二是调节叶绿体蛋白和叶绿素的合成。

另外，铁是氧化还原体系中的血红蛋白（细胞色素和细胞色素氧化酶）和铁硫蛋白的组分，还是许多重要氧化酶如过氧化物酶和过氧化氢酶的组分。铁又是固氮酶中铁蛋白和钼铁蛋白的金属成分，在生物固氮中起作用。铁对植物的光合作用、呼吸作用都有影响，铁虽然不是叶绿素的组成成分，但叶绿素生物合成中的一些酶需要亚铁离子的参与。铁对叶绿体蛋白如基粒中的结构蛋白的合成起重要作用。

(2) 缺铁症状

铁进入植物体后即处于固定状态，不易转移，老叶子中的铁不能向新生组织中转移，因而它不能被再度利用，因此缺铁时，下部叶片常能保持绿色，而嫩叶上呈现失绿症。一般认为植物内金属间的不平衡容易引起缺铁。其他引起缺铁的原因有：①土壤磷过多。②土壤 pH 高、石灰多、冷凉和重碳酸盐含量高的综合结果。

(3) 铁肥性质和使用方法

常用铁肥为硫酸亚铁。

①性质

淡绿色结晶，易溶于水。

②使用方法

根外追肥浓度为 0.2%~0.3%。

6. 锰肥

(1) 锰对植物生长的作用

土壤中的锰以三种氧化态存在，此外还以螯合状态存在。锰对植物的生理作用是多方面的，它能参与光分解，提高植物的呼吸强度，促进碳水化合物的水解；调节体内氧化还原过程；也是许多酶的活化剂，促进氨基酸合成肽键，有利于蛋白质的合成；促进种子萌发和幼苗的早期生长；还能加速萌发和成熟，增加磷和钙的有效性。

(2) 缺锰症状

缺锰症状首先出现在幼叶上，缺乏时叶肉失绿，严重时失绿小片扩大，表现为叶脉间黄化，有时出现一系列的黑褐色斑点而停止生长。在高有机质土壤和锰含量较低的中性到碱性 pH 土壤中最常发生。缺锰的水稻叶片（水培）叶脉间断失绿，出现棕褐色小斑点，严重时斑点连成条状，扩大成斑块。

（3）锰肥性质和使用方法

常用锌肥为硫酸锰和氯化锰。

①性质

粉红色结晶，易溶于水。

②使用方法

可做基肥、种肥或追肥，施用量为 15～22.5 kg/hm^2，注意施匀。根外追肥浓度为 0.1%～0.3%，每公顷喷 750 kg，浸种浓度为 0.05%～0.1%，浸种时间为 12～24 h，拌种每千克种子用 2～3 g。

7. 氯肥

（1）氯对植物生长的作用

氯是一种奇妙的矿质养分。氯的生理作用首先是在光合作用中促进水的裂解方面。根需要氯，叶片的细胞分裂也需要氯。氯还是渗透调节的活跃溶质，通过调节气孔的开闭来间接影响光合作用和植物生长。氯有助于钾、钙、镁离子的运输，并通过帮助调节气孔保卫细胞的活动而帮助控制膨压，从而控制了损失水。

（2）氯的不良症状

大多数植物均可从雨水或灌溉水中获得所需要的氯。因此，作物缺氯症难以出现。但氯离子对很多作物有着某种不良的反应。如烟草施用大量含氯的肥料会降低其燃烧性，薯类作物会减少其淀粉的含量。这些现象也是很有趣的。

第三节　复混肥料

在氮、磷、钾三养分中含有两种或两种以上养分标明量的肥料，由化学方法或机械方法加工而成的肥料称为复混肥料。仅由化学方法制成的复混肥料称复合肥料。复混肥料的外观要求粒状，无可见机械物。

一、复混肥料的种类

（一）化学合成复合肥料

根据复混肥料的定义，硝酸钾、磷酸二氢钾、硝酸磷肥、磷酸一铵和磷酸二铵等都是化学合成的复合肥料。它们可以直接施用，也可以作为基质肥料加工配制各种配比的复混肥料。

硝酸钾，含氮13%，含氧化钾46%。磷酸，含五氧化二磷52%，含氧化钾34%。磷酸，含氮10%~12%，含五氧化二磷40%~42%。磷酸，含氮18%，含五氧化二磷46%。硝酸磷肥是几种化合物的混合物，其主要成分是磷酸一铵、磷酸二钙和硝酸铵，一般含氮20%，含五氧化二磷20%左右。

磷矿粉磨细后加入硫酸，反应后滤出磷酸，在磷酸溶液中加入氨就可制得磷酸铵。在此流程中再加入一定数量的氮肥和钾肥就可制成不同配比的氮、磷、钾三元复合肥料。目前生产上大量应用的复合肥料有尿磷铵、氯磷铵和硝磷铵三大系列。顾名思义在磷酸铵生产流程中加入尿素和钾肥的为尿磷铵，加入氯化铵或硝酸铵的就成为氯磷铵与硝磷铵。

硝酸磷肥的生产过程是用硝酸代替硫酸分解磷矿粉，用冷冻法或其他方法除去反应物中的硝酸钙，再加入氨就可制得硝酸磷肥。以硝酸磷肥为基质原料，加入不同数量的氮和钾也可生产各种配比的三元复合肥料。

复合肥料中的氮有铵态氮和硝态氮、它所含的磷有水溶性的，也有枸溶性的。钾也有氮化钾和硫酸钾的区别。应根据土壤、作物的不同条件和要求细致地选择应用。

1. 硝酸钾的性质和使用方法

物理性质：白色晶体，易溶解于水，硝酸铵受到猛烈撞击容易爆炸。

化学性质：不稳定，强氧化剂，与还原性物质接触容易发生爆炸，高温下容易分解。

硝酸钾的特点：

（1）高纯度、全水溶、易吸收，不含氯化物

硝酸钾按一定比例溶于水后直接浇于根系附近，能迅速为根系提供养分且被活跃的根区快速吸收。长期喷施不会造成危害，是绿色环保无公害肥料。

（2）科学的植物营养配方

总含量59%，含13%硝态氮，46%硝基钾，氮钾比例约为1∶3，符合植物吸收的最佳配比能提高吸收利用率，节约成本。营养全面，硝酸钾能同时提供植株需要的氮、钾养

分，充分发挥营养元素之间的相互促进作用，对忌氯作物特别有利。

（3）施用后见效快

24 小时见效，一般增产率达 25%～30%，既速效又高效；且能使果实表面光滑，增加果实甜度，提高果实商品性。

（4）溶解后呈弱酸性

能与大多数农药混用，增强杀虫、杀菌剂的稳定性和有效性。

（5）安全性高

低浓度和渗透力强，降低烧苗风险。

（6）物理性状好

在生产上施肥操作简单，节省施肥劳动力。

施用方法：

①可根据当地土壤含钾量进行合理施肥，一般常规品种亩施肥量在 10～15 kg，清香型品种亩施肥量掌握在 6～10 kg。②主要做烟株追肥使用，大田生产上掌握分 3 次以上追肥，第一次追肥掌握在栽后 7 天左右浇施起苗肥，15 天左右烟株开盘前进行第二次浇施，团棵前（25～30 天）结合大培土进行第三次追肥；遇天气干旱年份，可在第三次追肥时用硝酸钾兑水浇施补肥、补水，通过以水调肥，促进烟株旺长。

注意事项：

硝酸钾属易燃易爆品，应远离热源和火种，装卸时要小心轻放，防止撞击，勿用铁器击打。

2. 磷酸一铵的性质和使用方法

磷酸一铵的性质：磷酸一铵又称磷酸二氢铵，无色透明正方形晶体，密度 1.803 g/m^3 熔点 190 ℃，易溶于水，微溶于醇、不溶于丙酮，水溶液呈酸性。

磷酸一铵是一种水溶性速效复合肥，有效磷与总氮含量的比例约 5.44：1，是高浓度磷复肥的主要品种之一。

使用方法：该肥料一般做追肥，也是生产三元复混肥最主要的基础原料；该产品广泛适用于水稻、小麦、玉米、高粱、棉花、瓜果、蔬菜等各种粮食作物和经济作物，广泛适用于红壤、黄壤、棕壤、黄潮土、黑土、褐土、紫色土、白浆土等各种土质，尤其适合于我国西北、华北、东北等干旱少雨地区施用。

3. 磷酸二铵的性质和使用方法

磷酸二铵的性质：磷酸二铵又称磷酸氢二铵。呈灰白色或深灰色颗粒，在潮湿空气中易分解，挥发出氨变成磷酸二氢铵。水溶液呈弱碱性。

使用方法：磷酸二铵是一种高浓度的速效肥料，易溶于水，溶解后固形物较少，适用各种农作物对氮、磷元素的需要，尤其适合于干旱少雨的地区做基肥、种肥、追肥。

适用于各种土壤，特别适用于喜氮需磷的作物，做基肥或追肥宜深施。

（二）干混造粒型复混肥料

氮、磷、钾单质化肥按一定比例粉碎、混合、造粒、烘干而成的复混肥料称为干混造粒型复混肥。按造粒方式，可以分成转鼓型、圆盘型和挤压型三种。干混造粒法生产复混肥料设备比较简单，技术容易掌握，对基质化肥原料要求不高，适合于小型加工，产品可以符合当地要求，所以近年来在全国各地发展很快。生产干混造粒型复混肥料必须加强监督，注意产品质量。

（三）掺混型复混肥料

把氮、磷、钾基质化肥机械掺混后直接施用的二次加工肥料在国外发展很快，由于以散装方式贮存、运输，所以称为散装掺混肥。这种肥料的优点是加工成本低，肥料配比可以根据用户要求随时变动，所以很受欢迎。但是，机械掺混对基质肥料颗粒大小要求相互一致，大颗粒尿素和大颗粒钾肥售价较高，原料成本远高于上述两种加工类型的复混肥料，影响了这类复混肥在我国的推广应用。当然，随着我国化肥工业的发展，有了国产的大颗粒尿素和钾肥，掺混型复合肥料在我国也是很有前途的二次加工复混肥料。

二、复混肥料的优点

（一）养分全面，含量高

能使作物同时获得所有的营养成分，充分发挥各元素间的相互作用。复混肥的养分释放均匀，肥效平稳，供肥时间长，有良好的肥效。

（二）物理性状好

复混肥造粒均匀，坚实，吸湿性小。便于贮存，也便于人工或机械施用。

（三）复合肥料中所含的养分全部或大部是作物所需要的养分

制造中可避免资源的浪费，也可避免使用中劳力的浪费。便于运输、贮存和施用。

（四）复混肥料中各种养分配比多样化

可按土壤养分丰缺状况、作物品种、产量水平和不同生育期所需的养分进行配制。

三、复混肥料的施用方法

①复混肥可做基肥、种肥和追肥。②根据肥料中各种养分含量和作物需要来决定施用时期和数量。③复混肥料施用要和单质肥料相配合。复混肥一般做基肥和作物苗期追肥，后期需要追施氮肥。

四、应该注意的几个问题

（一）品种多

市场上销售的复混肥种类很多，良莠不齐，应在正规的销售渠道购置，并选用具有生产许可证、检验合格的产品。

（二）品级不等

复混肥料的品级是指复混肥料中氮、可溶性五氧化二磷和水溶性氧化钾的含量。复混肥标准规定，复混肥料的品级或浓度均指氮、磷、钾三种营养元素，其他营养元素不能计算在内。国外有些复混肥料中还添加有钙、镁、硫等中量元素和各种微量元素。它们应在肥料说明书和包装口袋上注明。

（三）养分浓度高低不一

了解复混肥料的品级和养分总浓度，才能正确地比较复混肥料的价格，高浓度的复混肥料虽然价格较贵，但因其养分总浓度高，单位养分的价格可能比低浓度复混肥料的价格低，虽然后者的每吨价格低一些。

第四节 叶面肥

一、叶面肥的作用

随着农业的发展，化肥施用量不断增加，科学种田知识的日益普及，农作物的产量不断提高，农田土壤养分的供求关系发生了新的变化。一些过去曾经是土壤主要缺乏的营养元素，通过多年施用肥料，已经可以满足供应，或者已经得到缓解，而过去认为土壤中含量较为丰富的营养元素却变成了不足。微量元素因为在土壤中含量很少，在作物营养供求关系发生变化时，它就更容易受到影响，许多地方在农作物产量较低时，土壤中有效态微量元素尚可满足供应，而当作物产量大幅度提高后，土壤中微量元素的供应就会出现相对短缺。我国农田施肥已经从单一施用氮肥和其后的氮磷配合增施磷肥，发展到氮磷钾肥配合施用，补充微量元素营养的新阶段。农田施肥的观念从缺啥补啥的校正施肥，发展为依据作物高产、优质需要，各种营养元素均衡供应的平衡施肥，所以近年来叶面肥的发展异常迅速，成为化肥生产、供应和消费中一个重要肥料种类。

叶面肥是营养元素施用于农作物叶片表面，通过叶片的吸收而发挥其功能的一种肥料类型。植物的叶片有上下两层表皮，由表皮细胞组成，表皮细胞的外侧有角质层和蜡质，可以保护表皮组织下的叶肉细胞行使光合、呼吸等功能，不受外界不利条件变化的影响，叶片表面还有许多微小的气孔，行使气体更换的功能。

角质层由一种带有羟基和羧基的长碳链脂肪酸聚合物组成。这种聚合物的分子间隙及分子上的羟基、羧基、水基团可以让水溶液渗透进入叶内，当然，叶片表面的气孔是叶面肥进入叶片更方便的通道。在玉米 4 叶期叶面喷施锌肥，3.5 h 后上部叶片吸收已达 11.9%，中部叶片达 8.3%，下部叶片达 7.2%，48 h 后，上部叶片吸收已达 53.4%。扁豆叶片喷施叶面肥，24 h 后 50%已被吸收。化肥中尿素类物质对表皮细胞的角质层有软化作用，可以加速其他营养物质的渗入，所以尿素成为叶面肥重要的组成成分。

叶面肥中的养分通过叶片进入植株体内的速度比土壤施肥由根系吸收要快得多。以水稻生育期间追施氮肥为例，碳铵撒施后至少要 3~5 天水稻叶片转绿，尿素则更晚几天。

叶片是植物进行光合作用等代谢活动的主要部位，叶面施肥使营养物质直接进入叶内，参与新陈代谢和有机物的合成过程，其效果比土壤施肥更为迅速有效。因此，常作为及时治疗作物缺素症和补救因淹水、冻害而受损作物的有效措施。

叶面施用肥量少，效果迅速，提高了肥料的利用率，减少了土壤施肥时相当大一部分肥料或被土壤固定，或挥发、淋洗而损失的问题。叶面施肥在强化植物营养、增补一些对人的保健有益成分方面还具有不可取代的优势。

通过叶面施肥对作物所需养分的供应只能是根系吸收养分的补充，就像人的身体健康只能靠日常饮食来维持，而不能靠输液一样。

二、叶面肥的种类和组成

早期研制、推广的叶面肥基本上都是单一营养元素无机盐类的水溶液，如0.2%～0.3%硼砂溶液，0.1%～0.2%硫酸锌溶液等。用于土壤中某种养分的缺素症防治，小麦灌浆期磷酸二氢钾根外追肥也属此类。由于土壤中供应不足的微量元素可能不是一种，而是几种，需要在叶面肥中配入多种微量元素，以达到更好的增产效果，为了防止这些微量元素化合物之间相互作用，产生沉淀等不良反应，在叶面肥中加入螯合或络合物，使之更好地发挥作用，如用来防治缺铁黄化症的硫酸亚铁喷洒至叶面时，其中的二价亚铁易氧化成为三价高铁而失效，加入乙二胺四乙酸络合剂后，防治效果就好得多。

近年来新开发的叶面肥中还加入有各种生长调节剂，如异生长素、细胞激素、核黄素等，使叶面肥还具有刺激生长的功能。

目前市场上销售的叶面肥种类很多，大致有以下几种类型：

（一）清液型

多种营养元素无机盐类的水溶液，它又可分为纯水溶液和添加螯合物的水溶液两种。一般要求其所含微量元素的总量应不少于10%。

（二）氨基酸型

以氨基酸为络合剂加入各种营养元素组成，要求微生物发酵制成的氨基酸液，其氨基酸含量不低于8%，由水解法制成的氨基酸液，其含量不低于10%，两者中所含微量元素均不低于4%。

（三）生长调节剂型

所有各种叶面肥，不管含有多少种营养元素或物质，一般都由水，大量、中量和微量元素，螯合或络合剂，展着剂以及生长调节剂等构成。络合剂如乙二胺四乙酸等，络合微量元素肥效良好，但价格较贵，络合微肥的肥效虽不如络合物，但优于微量元素无机盐类，价格适中，现在应用较多，如氨基酸、腐殖酸等。尿素也可做络合剂应用，尿素与硫酸亚铁的络合物叶面喷施效果大于硫酸亚铁溶液。可用作螯合、络合剂的还有木质素磺酸、柠檬酸、聚磷酸、环烷酸等。有的叶面肥中含有一些天然物质的浸出液如海藻素、迦姆素、菇脚浸提液、某些中草药等，可能有生长调节作用，但机理不明。

展着剂是一些表面活性物质，如洗衣粉等，它有助于叶面肥在作物叶片表面的附着。在叶面肥中配制的生长调节剂要求是已知种类，新型生长调节剂的采用有另外的要求。

三、叶面肥的应用要点

①叶面肥种类繁多，应根据当地作物、土壤、气候等条件在农业科技部门的指导下选择应用。②严格按照产品说明书的施用方法进行喷施，如稀释倍数、喷施时期、次数等。③喷洒叶面肥时应尽量使叶片有较长时间保持湿润状态，因此，高温、多风时应避免使用。

第六章　有机肥料与施用

有机肥料是我国农业生产中的一项重要肥料。随着我国经济发展，人们对物质生活追求的不断提高，对农产品质量有了更高的要求，加强有机肥料建设具有重要的意义和作用。

第一节　有机肥与牲畜粪尿

一、有机肥

有机肥料有利于培肥地力，改良土壤，提高作物品质，是农业生产的重要肥源，在培肥地力、提高作物产量和改善品质方面具有重要作用，它含有大量有机质和多种营养元素，来源广，积制方便，肥效缓慢持久。

（一）按照其积制和开发利用方式的不同，主要有以下几个种类

1. 农家肥料

以畜禽粪便、人粪尿、堆肥、饼肥为主，来源广，存量大，是当前农村的主要有机肥源。

作用：农家肥一般含有较多的有机质，改良土壤，培肥地力，提高土壤保水、保肥和通气性能作用明显，同时它又含有氮、磷、钾、钙、镁、铁、锌、硼、锰等多种矿质元素，可全面持久地供给作物营养。近年来，随着畜牧业的发展，农家肥积制的数量进一步增加，在农业生产中将会发挥更大作用。

2. 农作物秸秆

作用：大量的生产实践证明，秸秆直接施于土壤，具有显著的培肥地力、保墒等功

效。按每 667 m^2 生产秸秆 250 kg 计算，如将这些秸秆全部用于还田，应用面积达66.7万公顷，其作用和效果十分可观。

3. 沼气发酵肥、果渣及菇类废渣

随着果品加工业的发展，果酒、果汁厂产生的大量果渣，利用果园修剪枝条等有机物料经粉碎生产菇类产品后的废渣，经堆腐发酵都是上好的有机肥料，建沼气池对各类秸秆、人粪尿等进行有效利用。

作用：沼气利用发展较快，建沼气池是对各类秸秆、人粪尿的有效利用，除发挥燃烧、照明作用外，还可产生沼肥。

4. 绿肥

20 世纪 70 年代，绿肥的种植面积一度较大，近年来，种植绿肥又有了新的发展势头，主要是种植三叶草、草木樨等绿肥作物。

作用：一是它既可保墒，根系进行生物固氮，又可翻压培肥土壤，所以，已被广大果农认识，纷纷自发种植；二是种植苜蓿、鲁梅克斯等绿肥作物，既可肥地，又可做牧草进行过腹还田。

5. 商品有机肥料

主要指通过工厂化出产的精制有机肥、有机无机复合肥。其选用的有机质料大多为风化煤、草炭、鸡粪等，该类肥料既有境外流入，亦有当地肥料公司生产。一些养殖场还将畜禽原粪直接出售，有的乃至从外地调运批量的有机肥料，产品有机肥料有了较大的开展，深得农民群众的喜爱。

作用：商品有机肥料是农业生产的重要肥源，在培肥地力、提高作物产量和改善品质方面具有重要作用。

（二）有机肥料在农业生产中的作用

有机肥料对我国农业生产都起着重要的作用，特别是有机肥料中的钾和磷对粮棉产量影响仍将起着关键的作用。

有机肥料中的氮磷钾等养分只是有机肥中很小但很重要的一部分，有机肥料的绝大部分是有机物质，有机质是衡量土壤肥力的重要标志，即使将来，氮磷钾养分主要靠化肥来提供，但是有机肥料在改良土壤、培肥地力方面仍将发挥重大作用。

有机肥料不仅在我国农业生产中有着十分重要的地位，而且使用有机肥料对保护良好的生态环境，保护人民健康都有十分重大的意义。

有机肥料含有丰富的有机物和各种营养元素，具有数量大、来源广、养分全面等优点，但也存在脏、臭、不卫生，养分含量低，肥效慢，体积大，使用不方便等缺点。在农业生产中有机肥具有以下作用：

1. 改良土壤、培肥地力作用

有机肥料中的主要物质是有机质，施用有机肥料增加了土壤中的有机质含量，有机质可以改良土壤物理、化学和生物特性，熟化土壤，培肥地力。我国农村的地靠粪养、苗靠粪长的谚语，在一定程度上反映了施用有机肥料对于改良土壤的作用，施用有机肥料既增加了许多有机胶体，同时借助微生物的作用把许多有机物也分解转化成有机胶体，这就大大增加了土壤吸附表面，并且产生许多胶黏物质，使土壤颗料胶结起来变成稳定的团粒结构，提高了土壤保水、保肥和透气的性能，以及调节土壤温度的能力。

施用有机肥料，还可使土壤中的微生物大量繁殖，特别是许多有益的微生物，如固氮菌、氨化菌、纤维素分解菌、硝化菌等。常年施用有机肥土壤中有益微生物数量要比不施有机肥的土壤明显增加。微生物活动如呼吸作用、硝化作用、氨化作用、纤维分解作用也随之显著增加。这就使土壤有机物质转化加强，有利于使生土熟化。瘠薄的低产土壤如沙土、盐土、旱薄地等，通过大量使用有机肥，结合其他耕作和灌溉措施，就可以变为肥沃的高产土壤。因此，施用有机肥是改良低产田的有效措施。有机肥料中有动物消化道分泌的各种活性酶，以及微生物产生的各种酶，这些物质施到土壤后，可大大提高土壤的酶活性。一般来说，土壤中蛋白酶、脲酶、磷酸酶、转化酶的活性越高，反映土壤中的有机物分解、转化过程越强烈，土壤养分状况越好，土壤能量越充足。所以多施有机肥料，可以提高土壤活性和生物繁殖转化能力，从而提高土壤的吸收性能、缓冲性能和抗逆性能。

2. 增加作物产量和改善农产品品质作用

有机肥料含有植物所需要的大量营养成分，各种微量元素、糖类和脂肪。据分析，猪粪中含有全氮 2.91%、全磷 1.33%、全钾 1.0%、有机质 77%。畜禽粪便中含硼 21.7~24 mg/kg，锌 29~290 mg/kg、锰 143~261 mg/kg、钼 3.0~4.2 mg/kg、有效铁 29~290 mg/kg。由于有机肥料中各种营养元素比较齐全，这就为农作物高产、优质提供了前提条件。猪粪中含总糖量 0.57%、其中蔗糖 1616 mg/kg、阿拉伯糖 1995 mg/kg，葡萄糖 716 mg/kg。有了糖类，土壤微生物生长发育繁殖活动就有能源，固氮微生物利用这些能量就可以固定空气中的氮素，使其转化为植物可直接利用的氮肥。有些微生物利用这些能量，可使有些养分从不可给状态转化成可给状态。有些可溶性糖类，还可直接被植物吸收利用，直接提高农作物的产量和品质。

科学施用有机肥，能提高作物产品的营养品质、食味品质、外观品质和改善食品卫生(如降低硝酸盐含量)。采用有机肥料与化肥合理配合的施肥技术与各地的常规施肥方法比较，可提高小麦、玉米中蛋白质含量2.0%~3.5%、氨基酸2.5%~3.2%、面筋1.4%~3.6%，大蒜优质率增加20%~30%，大蒜素含量提高0.9%~1.1%，蛋白质提高0.84%，蔬菜中的硝酸盐、亚硝酸盐含量降低，维生素C含量提高，大豆中粗脂肪提高0.56%，亚油酸、油酸分别提高0.31%和0.92%。

有机物在土壤中分解腐烂，形成腐殖质。腐殖质中的各类腐殖酸都含有一定量的羧基、羟基、酚羟基、醌基等，这些功能团具有刺激作用，能促进植物体内的酶活性，加强呼吸作用和光合作用，增强植物体内物质的合成、运转和积累。据科研人员研究，利用一定浓度的腐殖酸或其钾、钠、铵盐等，进行浸种、蘸根、叶面喷施及根施等，对大田作物、果树和蔬菜，在其一定的生长阶段，可产生刺激作用，从而达到促进作物的生长发育，提早成熟和增产。腐殖酸还是一种高分子物质，阳离子代换量高，具有很好的络合吸附性能。据中国科学院研究认为，腐殖酸净化剂对重金属离子具有吸附力强和选择性吸附特点。对汞、镉、铅等重金属离子的饱和吸附量可达180~420 mg/g。土壤中铬含量在10 mg/kg时，对小白菜出苗无太大影响，但对小白菜生长发育影响却很大，甚至导致死苗，不施有机肥的产量最低，为155 g，增施小量任何一种有机肥（鸡粪、马粪、羊粪、猪粪)，小白菜中毒现象明显减轻，甚至消失。对不同浓度铬在土壤中变化规律的测定表明，纯化肥处理，土壤水中铬含量始终保持高水平，增施猪厩肥后，土壤铬起始值为50 mg/kg，8天后即降至2~3 mg/kg。不施有机肥的处理，小白菜含铬量高达29.7 mg/kg；增施有机肥，小白菜含铬量急剧下降至正常含铬量0.1~0.3 mg/kg。充分说明，施用有机肥可以有效地减轻铬污染土壤对作物的毒害。在被镉污染的土壤上种植玉米，也得到相似结果。

二、牲畜粪尿

牲畜粪尿是指猪、牛、羊、马等饲养动物的排泄物，含有丰富的有机质和各种作物营养元素，是良好的有机肥料。牲畜粪尿与各种垫圈物料混合堆沤后的肥料称之为厩肥。由于积存和沤制的方式不同，厩肥也有不同的名称。北方称为圈肥，南方称为栏粪。用土做主要垫料的叫土粪；用秸秆或青草做垫料的，则称为草粪；牲畜粪尿加水沤制的，则称为水粪。虽然名称各不相同，但都是以牲畜粪尿为主积制的肥料，都属厩肥。厩肥的数量很大，是农村的主要有机肥源，占农村有机肥料总量的63%~72%。其中猪粪尿提供的养分最多，占到牲畜粪尿养分的36%左右，牛粪尿占17%~20%，马、驴、骡占5%~6%，羊粪尿占7%~9.5%。随着农业机械化发展，牛、马、驴、骡粪尿所占的比例越来越小。一头猪一年所排泄的粪尿，结合垫料可沤制出2 000~2 500 kg的优质厩肥，施到地里可增产75~100 kg粮食。一般大中型专业养猪场，由于不加垫料，积肥量只相当于农村的1/2~1/3。

猪粪质地细，成分复杂，视饲料不同而异。猪粪尿中的氮磷钾含量丰富，有效性高。其主要成分有纤维素、半纤维素、木质素、蛋白质及分解产物，包括各种有机脂肪酸、无机盐。猪尿中则以水溶性的尿素、尿酸、马尿酸、无机盐为主。猪厩肥是我国肥料组成中一类最重要肥源。

马粪中含有大量纤维素，因此分解慢，肥效迟，其质地疏松，含大量高温纤维素分解菌。因此，堆积发酵中能产生高温，有利于杀死有机废物中的病菌和虫卵、杂草种子，达到无害化标准。牛粪质地细密，通气性差，发酵温度低。

牛马均属于大牲畜，年排泄量很大，是猪的4倍左右。平均每头牛日排粪尿约25 kg，其中粪尿比为3∶2，每年可积肥10吨以上。每匹马日排泄量为15 kg，粪尿比约为2∶1，每年积马粪尿达5 t。羊粪尿养分含量较牛马粪尿为高。羊粪发热量介于马粪和牛粪之间，亦属热性肥料，其养分含量以氮、钾最高。每头羊平均每日排泄量约2 kg，粪尿比3∶1，每年可积粪尿700 kg左右。

牲畜粪尿的养分含量与饲料的成分有十分密切的关系。现代化的畜牧饲养场，以喂配合饲料为主，其排泄物的养分含量，比农村用粗饲料喂养的有较大差异。饲料愈精，尿中排氮愈多；饲料愈粗，粪中排氮的比例愈大。这与牲畜对蛋白质的吸收利用有关，无论精料还是粗料，凡是加饲豆饼后，其牲畜排泄物养分含量均高，而且经过动物利用后仍有大约50%的氮、75%的磷和80%的钾自粪尿中排出，仍是一种优质的有机肥料。

可见饼粕是很重要的蛋白质饲料，利用饼粕喂畜，是经济利用饼粕的有效途径。

牲畜粪尿的积存方法很多，有垫圈积肥、冲圈积肥、冲垫结合圈内积肥，各有其优缺点，圈内积肥应重视垫圈工作。一般可以利用吸水吸肥能力强的垫料（如秸秆、泥炭、黏土、杂草等），一方面可以吸收保存牲畜粪尿，减少养分损失，提高肥效。用土垫圈时，应控制加土量。垫圈积肥应做到土肥相融、草肥相融。圈内应保持潮湿状态，圈底应坚实，防止渗漏。腐熟的圈肥应达到黑、烂、碎、匀的要求，施用时能撒布均匀，有利于作物吸收。

利用粪池或粪窖将牲畜粪尿加水沤制成水粪施用，试验研究证明，贮粪池遮阴、加盖、密闭是减少粪尿氮素损失的有效措施。猪粪尿加盖贮存一个月，比不加盖的减少损失氮素 39.6%，加盖后再密闭比不加盖的减少损失 75.5%。

利用牲畜粪尿积制的厩肥多做基肥施用，基肥秋施的效果较春施好。一般亩用量 2 000~8 000 kg，撒铺均匀后耕翻，也可采用条施或穴施。厩肥有较好的增产效果，而且后效较长，并有改善土壤通气性、保水性、保肥性的良好作用，是改良土壤、提高土壤肥力的重要物质基础。长年施用厩肥，可以保持地力经久不衰。

第二节　人粪尿与堆肥沤肥

一、人粪尿

同一切动物相比，人类摄取的食物丰富，养分完全。人类排泄物的成分也较复杂，有效成分高。人类是最好的土壤养分的富集者。

人粪组成中，主要是纤维素、半纤维素，未消化的蛋白质、氨基酸以及含有恶臭的粪胆质色素、硫化氢、丁酸等。此外，还有 5%的灰分，主要是硅酸盐、磷酸盐、氯化物等。人粪中还含有许多病菌、虫卵，需经无害化处理后方能施用。人尿中 95%是水，5%是可溶性物质及无机盐，其中大约 2%是尿素、1%为氯化钠，还有少量的尿酸、马尿酸、肌酸酐、黄嘌呤以及其他微量元素。

人粪尿不仅养分含量高而且数量很大，我国人口众多，4 亿成年人的排泄物中的养分，相当于 1300 万吨化肥（880 万吨硫酸银、272 万吨过磷酸钙、139 万吨硫酸钾）。它是我国农村中一大肥源，其提供的养分占有机肥总养分的 13%~20%。

人粪尿中的有机态氮，特别是尿素，很容易分解成氨而挥发损失，气温越高损失越多。此外，人粪尿中还有病菌和寄生虫，合理积存人粪尿必须做到防渗漏，防氨挥发，防病虫。研究表明，粪缸加棚、加盖保氮效果好。在人粪尿中掺入 3~4 倍的细干土，或 1~2 倍的草炭，有较好的保氮效果，将人粪尿与作物秸秆、垃圾、马粪、泥土等制成高温堆肥，通过堆肥产生的高温（60~70 ℃）杀虫灭菌，可使人粪尿利用达到无害化标准。

目前人粪尿的积存仍然存在许多问题，如农村的晒粪干，既不利保肥，又污染环境。在晒粪干的过程中，氮素损失 40%。使用未经腐熟的人粪尿，造成蔬菜中蛔虫卵、大肠杆菌超标的现象也经常发生。

二、堆肥沤肥

堆肥和沤肥是利用城乡生活废物、垃圾，人畜粪尿、秸秆残渣、山青湖草等为原料混合后按一定方式进行堆制或沤制的肥料。堆、沤肥的材料按性质可分为三类：①不易分解的物质，如秸秆、杂草、垃圾等，这类物质含纤维素、木质素、果胶较多，碳氮比大。②促进分解的物质，如人畜粪尿、污水、污泥和适量的化肥。其目的是补充足够的氮、磷、钾营养，调节碳氮比，增加各种促进腐熟的微生物。在有机物腐解中会产生有机酸，因此有时在堆肥中加入少量的石灰和草木灰，以调节酸度。③吸收性强的物质，主要是加入一些粉碎的黏土、草炭、秸秆或锯末，用于吸附腐解过程中分解出来的容易流失的氮素、钾素营养，保持其养分，形成高质量的有机肥。

（一）堆肥

堆肥属于好气性发酵，易产生高温，有利加快有机物腐熟和杀灭病虫、病菌。

1. 堆制条件

加速堆肥的腐熟，除要通过堆制，使有机物料尽快释放养分供农作物生长需要外，还可通过堆沤发酵过程产生的高温杀灭寄生虫卵和各种病原菌，杀死各种危害作物的病虫害及杂草种子，实现无害化的目的。秸秆通过发酵可消除秸秆产生的对作物有毒害的有机酸类物质积累。饼粕类物质通过发酵，也可以保障作物不发生中毒现象。堆肥的腐熟过程实质是微生物分解有机物的过程，堆肥腐熟的快慢，直接与堆肥中微生物活动密切相关。堆肥腐熟的最适宜条件是：

①水分：堆肥水分以60%~75%最好，堆肥材料应事先经过预浸，吸足水分。②通气：通气是使堆肥产生高温，达到无害化的重要保证。堆积时不宜太紧也不宜太松。可用通气沟或通气塔调节堆肥的通气状况。③温度：应保持堆肥温度55~65 ℃一个星期，促使高温性微生物强烈分解有机物后，再维持中温40~50 ℃，以利于纤维素分解，促进氨化作用和养分的释放。堆肥材料中掺入骡马粪，有助于达到较高的堆温。④酸碱度（pH）：大部分微生物适合在中性或微碱性条件下活动，所以pH值6~8较好。⑤秸秆堆沤时，加入相当于秸秆重量2%~3%的石灰或草木灰，既可调节pH值，又可破坏秸秆表面蜡质层，以利吸水。如有条件，也可加入一些磷矿粉、钾钙肥和窑灰钾肥等。⑥碳氮比：一般微生物分解有机质的适宜碳氮比是25∶1。而作物秸秆的碳氮比较大，多为（60~100）∶1。因此，在堆沤时，应适当加入人畜粪尿或少量氮素化肥等含氮物质，调节碳氮比，以利微

生物的活动，加速堆肥中有机物质的分解，缩短堆肥时间。

2. 堆制方法

（1）高温堆肥

适用于不缺燃料的地区。堆肥材料以玉米秸秆为主，不加土。每 1 000 kg 铡成 5 cm 长的玉米秸秆，配加 600 kg 新鲜骡马粪、200 kg 人粪尿，加 1 500~2 000 kg 水，按配料比例混匀堆制。堆高 1.5~2 m，堆宽 2~4 m，堆长视材料多少而定，堆好后用稀泥封堆。高温期 10~15 天进行第一次翻倒后，再加水封堆。第二次高温期后 10~15 天，再进行第二次翻倒。约一个月即可腐熟。这种堆肥有机质含量高，肥料质量好，便于肥料运输。

（2）普通堆肥

有平地式和半坑式两种。平地堆肥一般堆高 2 m，堆宽 3~4 m，堆长视材料多少而定。地面铺 15 cm 厚的混合材料后，用木棍放井字形通风沟，各交叉点立木棍，堆好封泥后拔去木棍即成通气孔。半坑式堆肥一般坑长 4~8 m，坑宽 1.5~2 m，坑深 0.7~1 m，坑底、坑壁有井字形通气沟，沟深 15~20 cm。通气沟交叉处立木棍，堆好封泥后拔去木棍，即成通气孔。堆肥应高出坑沿 1 m 为宜。普通堆肥的配料以玉米秸秆、骡马粪、人粪尿和细土为主，按比例混合，逐层堆积。一般下层厚，上层薄。有机物料混合后，应调节水分，使物料含水量达到 50%左右。堆后一个月翻倒一次，促使堆内外材料腐熟一致。半坑式堆肥保水、保温较平地式堆肥好。

（二）沤肥

沤肥是肥料发酵的另一种方式。沤肥材料与堆肥相似，所不同的是沤肥加入过量的水（或污泥、污水），使原料在淹水条件下进行发酵，所以沤肥是嫌气性常温发酵。沤肥在南方较为普遍，沤肥同样要求一定的酸碱度、碳氮比和温度。沤制的方法很多，其中以塘肥、草塘泥最普遍，由于其制作简便、原料来源广，无论是牲畜粪尿、作物秸秆、山青湖草，均可就地取材，在田边地头沤制。研究表明，草塘泥在沤制过程中，脂蜡、半纤维素消失最快，腐解 5 天，脂蜡即由 9.63%降至 2.68%，半纤维素由 9.34 降至 3.33%，而纤维素仅由 4.60%降至 4.49%。20 天时，脂蜡和半纤维素分解了 90%左右，纤维素仅损失 50%。草塘泥中泥质部分的氮素变化，是随时间的延长，其水溶性、水解性、代换性氮都不断增加。磷的变化不明显，代换性钾的含量却明显上升。

第三节　家禽粪与其他

一、家禽粪

鸡、鸭、鹅类家禽，由于其饲料组成远较大牲畜、猪的营养为高，因此，其排泄物所含的氮磷钾养分也就相应高些。

新鲜禽粪中的氮主要为尿酸盐类，这种盐类不易被作物直接吸收利用，而且对作物根系的生长有害。因此，禽粪做肥料应先堆积腐熟方可施用。但禽粪在堆制过程中，易产生高温，造成氮素损失，宜干燥贮存，施用前再堆制。腐熟后的禽粪，养分高，多做追肥或作种肥用。近年来，我国一些单位研究利用禽粪和化肥合理搭配，制成有机无机复合颗粒肥，为有机肥料体积小型化、商品化迈出了可喜的一步。特别是对大型机械化养鸡场，将具有很大的发展前景。

二、饼粕类

饼粕种类很多，产量很大。每年大豆总产为 1 500 万 ~2 200 万吨，花生、芝麻 400 万 ~500 万吨，油菜、向日葵、胡麻约为 300 万吨，榨油后其饼渣是优质的肥料和饲料，每年可产饼粕约 1 700 万吨。过去很大部分饼粕是直接用作肥料，目前大部分饼粕均先用作饲料，过腹还田，大大提高了饼粕的利用价值。

豆饼、花生饼和芝麻饼含氮量较高，质量好，是优质的蛋白质饲料，芝麻饼、胡麻饼和菜籽饼含磷量高于其他饼粕，一般含磷量均超过 2%；棉籽饼养分较低，氮含量仅为 3.4%，钾为 1%左右。大部分饼粕均可作饲用，但是有些饼粕，含有毒成分，如茶籽饼（又叫茶枯）含有皂素，桐子饼含有桐油酸和皂素等不宜直接用作饲料，其他如菌麻子饼、乌桕子饼也不宜用作饲用。

饼粕类做肥料，可以用作基肥，也可做追肥。其肥效的快慢与土壤情况和饼粕粉碎程度有关。粉碎程度越高，腐烂分解和产生肥效就越快。施用饼粕肥料，最好应经发酵后施用，这样既可提高肥效，也可防止发生种蛆和腐解过程中产生有害物质而影响种子出苗和幼苗生长。含氮量高的豆饼等可以直接施用，如做追肥，应提早 1 ~ 2 周施入，以便有充分时间在土壤中发酵。

除饼粕类外，还有其他肥料资源，如糖渣年产量有1000多万吨，也是很好的肥料。

非农业生物废物资源也是相当丰富的，饮食、发酵、豆渣、果菜等大量废物，目前利用量仅占很少部分，这些无论作饲料，还是做肥料，都是十分有前途的。

三、沼气发酵肥料

沼气发酵肥料是将作物秸秆与人畜粪尿，在密闭的条件下发酵制取沼气后沤制而成的一种有机肥料。

沼气除了用作燃料外，有机物料中的氮磷钾等营养元素，除氮素有一定损失外，其余则大部分仍保留在发酵肥中。发酵肥包括发酵液和沉渣。沉渣的碳氮比为12.6：23.5，质量比堆、沤肥要高，但它仍属迟效性肥料；而发酵液则是速效性氮肥，其中氨态氮含量较高。沼气发酵肥料，发酵后比发酵前铵态氮增加2~4倍，速效氮占全氮的50%~70%。

沤制沼气发酵肥是增加肥源和提高肥料质量的一项有效措施，也是驱除粪臭和杀灭蚊蝇等虫害的有效方法，有利于改善农村的环境卫生条件，很值得提倡。沼气发酵池要求严格密闭，发酵温度以28~30 ℃为最适宜，pH值以7.5上下较好，加水量以干物重的90%最适。经常搅拌和接种甲烷发酵菌等都是促进沼气肥发酵的重要条件。发酵后的肥料应立即施用，或加盖密封贮存，防止氮素损失。

沼气发酵肥的沉渣宜做基肥施用，发酵液可做追肥施用。据试验，水稻每亩施用等氮量的沉渣比施猪粪增产12%，比草塘泥增产7%；用发酵液追肥，可使小白菜增产40.3%，小麦增产8.3%。

四、海肥

我国海岸线长，沿海生物繁盛。各地海产加工的废弃物如鱼杂、虾糠，许多不能食用的海生动物如海星、蟛蜞，海生植物如海藻、海青苔，还有矿物性海泥等，都是良好的肥料。

海肥的种类很多，一般分为动物性、植物性、矿物性三大类。其中动物性海肥种类最多，数量最大，使用最广，肥效最高。动物性海肥中又以鱼虾类海肥为最。

鱼虾类海肥主要是鱼虾类加工厂的废弃物，品种很多，包括鱼杂、鱼头、鱼尾、鱼鳞、鱼骨、鱼渣、虾糠、虾皮、虾头等。鱼虾类海肥富含有机质及氮、磷养分，其中氮素大部分呈蛋白质形态，磷素呈有机态和磷酸三钙形态。虾皮、虾糠、虾头中含有较多角质。因此，虾类海肥肥效较慢，必须经过沤制后才能施用。

鱼虾类海肥，一般先倒入大缸或池内，加水4~6倍，搅拌均匀后加盖沤制10~15天，腐熟后兑水1~2倍，开穴浇施。也可与土粪掺匀，沟施或穴施，或将鱼虾肥捣碎后混在黏土、圈肥、土粪中沤制数日后做基肥施用。施用量为每亩纯鱼虾肥10~15 kg。

植物性海肥和矿物性海肥，蕴藏量也不小，各地可以因地制宜充分利用。

第四节　稻秆还田与绿肥

一、秸秆还田

（一）秸秆翻压还田

秸秆翻压还田是作物收获后，将作物秸秆在下茬作物播种或移栽前耕翻入土的还田方式。我国南方多以稻草直接翻压还田为主，我国南方地处南亚热带的一些地区，水热条件比较好，种植双季稻，还田稻草多为早稻草，以补晚稻的肥料不足。北亚热带地区，夏天水热条件虽好，但两季水稻之间空闲时间短，还田稻草不能及时腐烂，一度认为我国长江流域不宜采用稻草直接还田。近年来，许多单位的试验表明，稻草、麦秸等材料还田时，适当配合施用氮素化肥，即可在当季作物上见效，且对下茬作物亦有后效。我国北方地区，主要是麦秸、玉米秸翻压还田，也取得很大进展。秸秆直接还田利用已在我国南北方得到较快发展。

（二）秸秆覆盖还田

秸秆覆盖还田是将作物秸秆或残茬，直接铺盖于土壤表面的一种利用方式。秸秆覆盖主要有两种形式：其一是追铺盖方式，即在作物生长期间，在其行间铺盖粉碎的麦秸或玉米秸；其二是残茬覆盖即在小麦收割时适当留高茬，免耕播种夏季作物或在麦收前提前套入，待夏播作物出苗后中耕灭茬，使残茬铺盖于土壤表面。

无论是秸秆覆盖或直接翻压还田，都应考虑秸秆适宜还田量和适宜的土壤水分条件。同时，由于秸秆碳氮比值高，为加速其腐解，配合施用一定量的氮肥是必要的。

秸秆还田时，要选用无病虫害的秸秆，以防病虫蔓延。如直接翻压，应有一定深度，并要压严，以保持土壤水分。研究表明，亩压麦秸200~300 kg，铡成5~10 cm长，并配施尿素10～15 kg/亩，保持土壤水分含量在20%左右，秸秆腐解矿化较快，增产效果好，一般当季作物产量可提高12%以上，每年亩压秸秆150 kg，两年后耕层土壤容重下降，总孔隙度和非毛管孔隙度分别提高3.1%和17.7%，有机质含量增加0.05%，速效磷和速效钾分别增加1 mg/kg和10 mg/kg，稻谷增产6%～12.4%。说明秸秆对补充土壤钾、磷养分有重要作用。

秸秆覆盖还田对保持土壤水分有明显效果，特别是在干旱和半干旱地区或在干旱季节更显重要。在干旱季节利用作物秸秆覆盖，0～10 cm土层内含水量比无覆盖的水分含量提高17.6%，10～20 cm和20～30 cm，水分含量也分别提高12.3%和19.8%。覆盖还能防止地表水分流，增加降水的渗透，减轻土壤侵蚀。秸秆覆盖，还具有改良盐碱地的作用。据研究资料表明，在含盐为0.84%的硫酸盐、氯化物盐土上利用玉米秸秆覆盖，一年后土壤中氯离子含量下降5%～12%，钠离子下降8%～11%。据滨海盐土试验，利用稻草覆盖还田，1米土层内脱盐率达43%，而未用稻草的脱盐率仅为27.3%。

二、绿肥

绿肥是用绿色植物体制成的肥料。绿肥是一种养分完全的生物肥源。种绿肥不仅是增辟肥源的有效方法，对改良土壤也有很大作用。但要充分发挥绿肥的增产作用，必须做到有效的合理施用。

随着农业生产的发展，农田中所需的物质和能量投入将越来越多，化学肥料的生产和供应也将与日俱增。但是，我国人多耕地少，复种指数高，农林牧渔各业均需大量的化肥。加之我国磷素资源不足，钾资源缺乏，单靠施用化肥远远不能满足农业生产进一步发展的需要。绿肥是一种养分完全的优质生物肥源，在提供农作物所需养分、改良土壤、改善农田生态环境和防止土壤侵蚀及污染等方面均有良好的作用。因此，发展绿肥对建立一个有良好的生态环境，有高度的经济活力和提供富有营养价值和无污染、安全性强的农产品高产、优质、高效的现代化农业生产体系，将具有十分重要的作用。

（一）绿肥的种类及特性、成分

1. 绿肥的种类和特性

利用植物生长过程中所产生的全部或部分绿色体，直接耕翻到土壤中做肥料，这类绿色植物体称之为绿肥。

绿肥的类型很多，种植利用方式差异很大，因此，生产上常用不同名称加以区分。

（1）按其来源划分

绿肥有栽培和野生两种。凡是在农田中栽种做绿肥用的，称之为栽培绿肥，这种植物叫作绿肥作物。利用天然生长的野生植物或树木的嫩枝叶，割作肥料的，这类绿肥称之为野生绿肥。

（2）按植物学划分

绿肥可分为豆科和非豆科两类。豆科绿肥作物，因具有共生固氮特性，可通过根瘤固氮为农作物提供廉价的生物氮源。这是我国绿肥作物的主体。非豆科绿肥，虽多数无共生固氮能力，但其本身具有一些特殊的功能，如解磷、富钾、耐盐、耐酸、耐旱或可在水中生长等，故在生产中仍普遍采用。

（3）按种植季节划分

绿肥可分为：冬季绿肥，为秋季或初冬播种，翌年春夏间利用；夏季绿肥，在春季或夏季种植，秋冬利用。多年生绿肥，栽培年限在1年以上，可多次刈割利用。这类绿肥作物因生长年限长，大多利用空隙地或林木行间种植。在农田中多与农作物实行轮作种植和利用。

（4）按利用方式划分

主要有：用作水稻肥料的，称之为稻田绿肥；用作小麦或棉花肥料的，称之为麦田绿肥或棉田绿肥；用作地面覆盖、保持水土、抑制杂草和提供养分的，称之为覆盖绿肥。具有两种以上用途的，称之为兼用绿肥。如既做肥料又做饲料的，叫作肥饲兼用绿肥；收获部分做蔬菜，秸秆和残体做肥料的，叫作肥菜兼用绿肥；收获种子做粮食或副食品，秸秆做肥料的，叫作粮肥兼用绿肥；等等。兼用绿肥由于其生长期间可以收获一定数量的农副产品，如饲草、蔬菜或粮食，使种植绿肥的当季能获得一定的经济收益，是今后绿肥发展的主要趋势。

绿肥的特性。绿肥之所以在农业生产中占有一定的地位，而且长久不衰，这是由其本身的特性所决定的。归纳起来，绿肥的特性主要如下：

（1）绿肥可为农作物生长提供必需的养分

由于绿肥比较鲜嫩，翻压后腐解矿化快，能迅速及时地释放出养分供农作物吸收利用。而且在绿肥作物生长期间，通过其根系的活动，可吸收部分下层土壤养分，活化土壤中难溶性物质，使其转移到耕层中。豆科绿肥作物还能把不能被直接利用的氮气固定转化为可被农作物吸收利用的氮素养分，使土壤中养分不断丰富。

（2）绿肥的穿插作用

绿肥作物通过其强大的根系穿插作用和翻压后增加土壤有机质的积累，改善了土壤理化性状，提高了土壤保水、保肥和供肥能力。

（3）绿肥作物大多具有较强的抗逆性

能在条件较差的土壤环境中生长。如瘠薄的沙荒地、涝洼盐碱和酸性红壤等，起到了改良障碍性土壤的先锋作物的作用。

（4）绿肥多在农田中就地种植和翻压利用

在其生长过程中将土壤中无机营养物质转化为有机物质，而翻压后又矿化分解成为农作物可吸收利用的形态。这对减少养分损失、保护生态环境，具有特殊的意义。

（5）减少虫害

种植绿肥，可以改善农作物茬口，减少因作物多年连作易发生病虫害的弊端。而且一些绿肥作物还是害虫天敌的良好宿主，对生物防治病虫害，减少污染有良好作用。

2. **绿肥的肥料成分**

绿肥的肥料成分因其种类、翻压或刈割时期的不同而有很大的差异。一般情况下，豆科绿肥植株含氮量比非豆科绿肥高；同一种绿肥，其部位不同养分也有很大的差别。叶的养分含量高于茎，地上部养分高于根部。生育期不同，其养分积累也不同。苗期因叶占的比例大，其养分含量较成龄植株高，花期养分含量虽比苗期低，但因绿色体总产量高，故其养分总积累量仍明显高于苗期。所以，一般绿肥在盛花期利用较为适宜。环境条件对绿肥肥料成分也有很大的影响，土壤肥力、气候因素都能影响养分的积累。在高肥力土壤中生长的绿肥，其绿色体养分含量相对高于在低肥力土壤上的绿肥，高温条件下，植株生长快速，养分积累往往低于温度较低条件下生长的植株。

（二）常用绿肥作物

我国绿肥作物资源十分丰富。现将生产上常用的重要绿肥作物的特性简介如下：

1. **紫云英**

紫云英又叫红花草，豆科黄芪属的一年生或越年生草本植物。喜凉爽气候，适于排水良好的土壤。最适生长温度为15~20 ℃，种子在4~5 ℃时即可萌发生长。适宜生长的土壤水分为田间持水量的60%~75%，低于40%，生长受抑制。虽然有较强的耐湿性，但渍水对其生长不利，严重时甚至死亡。因此，播前开挖田间排水沟是必要的。当气温降低到-5~-10 ℃时，易受冻害。对根瘤菌要求专一，特别是未曾种过的田块，拌根瘤菌剂是成败的关键。紫云英固氮能力较强，盛花期平均每亩可固氮 5~8 kg。

2. 毛叶苕子

毛叶苕子又叫毛巢菜、长柔毛野豌豆。豆科巢菜属，一年生或越年生匍匐草本。一般用于稻田复种或麦田间套种，也常间种于中耕作物行间和林果种植园中。具有较强的抗旱和抗寒能力。5 ℃时种子开始萌发，15~20 ℃生长最快，能耐短时间的-20 ℃低温。对土壤要求不严格，耐涝性差，以在排水良好的壤质土生长最好。

另有一变种因其植株光滑无茸毛，故称之为光叶茬子。其耐寒性比毛叶苕子差，在-15 ℃时即出现冻害。但早发性优于毛叶苕子。一般适于我国南部和中部地区种植，不宜在北方利用。

3. 兰花苕子

兰花苕子又叫兰花草。豆科巢菜属，一年生或越年生草本。原产中国，一般用于稻田秋播或在中耕作物行间间种。不耐寒，在-3 ℃时即出现冻害，10~17 ℃时生长迅速。耐湿性较强，短期地面积水可正常生长，但不耐旱。在酸性红壤上可生长。

4. 箭筈豌豆

箭筈豌豆又叫大巢菜、野豌豆。豆科巢菜属，一年生或越年生草本。原引自欧洲和澳大利亚，中国有野生种分布。广泛栽培于全国各地，多于稻、麦、棉田复种或间套种，也在果、桑园中种植利用。

适应性较广，不耐湿，不耐盐碱，但耐旱性较强。喜凉爽湿润气候，在-10 ℃短期低温下可以越冬。种子含有氢氰酸，人畜食用过量有中毒现象。但经蒸煮或浸泡后易脱毒，种子淀粉含量高，可代替蚕豆、豌豆提取淀粉，是优质粉丝的重要原料。

5. 香豆子

香豆子又叫胡卢巴、香草。豆科胡卢巴属的一年生直立草本。植株和种子均可食用，是很好的调味品。种子胚乳中有丰富的半乳甘露聚糖胶，广泛用于工业生产。植株和种子含有香豆素，是提取天然香精的重要原料，还是重要的药用植物。多于夏秋麦田复种或早春稻田前茬种植，也可在中耕作物行间间种。

喜冷凉气候，忌高温，在水肥条件和排水良好的土壤上生长旺盛，不耐渍水和盐碱，也不耐寒，在-10 ℃低温时，越冬困难。玉门香豆子、新疆香豆子和青海香豆子是优良的品种。

6. 金花菜

金花菜又叫黄花苜蓿、草头。豆科苜蓿属，一年生或越年生草本。原产地中海地区，是水稻、棉花和果、桑园的优质绿肥。其嫩茎叶是早春优质蔬菜，经济价值较高。

喜温暖湿润气候，可在轻度盐碱地上生长，也有一定的耐酸性，能在红壤坡地上种植。其耐旱、耐寒和耐渍能力较差，水肥条件良好时生长旺盛。

7. 豌豆

豌豆为豆科豌豆属，一年生或越年生草本。全国各地均有种植，是重要的粮、菜、肥兼用作物。主要用作水稻和棉花前茬利用或麦田和中耕作物行间间种。多以摘青嫩荚做蔬菜，茎秆翻压做绿肥。

适于冷凉而湿润气候，种子在 4 ℃左右即可萌芽，能耐-4～-8 ℃低温。对水肥要求较高，不耐涝，在排水不良的田块上，易腐烂死亡。如遇干旱，生长缓慢，产量低。

8. 蚕豆

蚕豆又叫胡豆、罗汉豆。豆科巢菜属，一年生或越年生草本。我国各地均有栽培，也是一种优良的粮、菜、肥兼用作物。主要于秋季或早春播种，多用于稻、麦田套种或中耕作物行间间种，摘青荚做蔬菜或收子食用，茎秆和残体还田做肥料。喜温暖湿润气候，对水肥要求较高，不耐渍，不耐旱。

9. 草木樨

草木樨又叫野良香、野苜蓿。豆科草木樨属，一年生或二年生直立草本。其种类很多，我国生产上常用的种类为二年生白花草木樨，主要在东北、西北和华北等地区广为栽培。多与玉米、小麦间种或复种，也可在经济林木行间或山坡丘陵地种植，保持水土。在南方多利用一年生黄花草木樨，主要在旱地种植，用作麦田或棉花肥料。

草木樨耐旱、耐寒、耐瘠性均很强。主根发达，可达 2 m 以上，在干旱时仍可利用下层水分而正常生长。在-30 ℃时可越冬。在耕层土壤含盐量低于 0. 3%时，种子可出苗生长，成龄植株可耐 0. 5%以上的含盐量。草木樨养分含量高，不仅是优良的绿肥，也是重要的饲草。但植株含香豆素，直接用作饲草，牲畜往往需经短期适应。在高温高湿情况下，饲草易霉变，使香豆素转化为双香豆素，牲畜食后会发生中毒现象。

10. 田菁

田菁又叫碱青、涝豆。豆科田菁属，一年生木质草本。原产热带和亚热带地区。我国最早于台湾、福建、广东等地栽种，以后逐渐北移，现早熟品种可在华北和东北地区种植。其种子有丰富的半乳甘露聚糖胶，是重要的工业原料。

喜高温高湿条件，种子在 12 ℃开始发芽，最适生长温度为 20～30 ℃。遇霜冻时，叶片迅速凋萎而逐渐死亡。其耐盐、耐涝能力很强，当土壤耕层全盐含量不超过0. 5%时，可以正常发芽生长，但氯离子含量超过0. 3%，生长受抑制。成龄植株受水淹后仍能正常生长，受淹茎部形成海绵组织和水生根，并能结瘤和固氮，是一种改良涝洼盐碱地的重要夏季绿肥作物。

其茎部可形成茎瘤，固氮能力比普通田菁高一倍以上，是我国一种有前途的新绿肥资源。但因生育期长，只能在我国南方开花结子和成熟，经驯化可望逐渐北移。

11. 柽麻

柽麻又叫太阳麻。豆科野百合属，一年生草本。我国台湾最早引种，以后逐渐推广到全国各地。其前期生长十分迅速，多作为间套或填闲利用，也是一种重要的夏季绿肥。

喜温暖湿润气候，适宜生长温度为20~30 ℃。耐旱性较强，但不耐渍，以在排水良好的田块上种植为好。枯萎病是柽麻的一种主要病害，严重时几乎绝产，忌重茬连作。

12. 绿豆

绿豆为豆科豇豆属，一年生草本。原产东南亚，中国有野生种分布，全国各地均有栽培。是一种优良的粮肥兼用作物，也是重要的豆类经济作物。多在春夏种植，间种于中耕作物行间或麦田复种。

喜温暖湿润气候，种子在8~10 ℃时开始发芽。生育期间要求较高的气温，最适生长温度为25~30 ℃，对低温较敏感，遇霜冻易凋萎。耐湿性较强，但土壤过湿易徒长倒伏。在瘠薄地上可良好生长。从东南亚引进的大绿豆，又叫乌绿豆、番绿豆，种皮黑色，植株高大茂盛，分枝性强，产草量高，但生育期长，仅适于南方栽培利用。

13. 乌豇豆

乌豇豆，豆科豇豆属，一年生蔓生草本。生长期短，枝叶繁茂，是长江中下游和黄河故道以南地区广泛利用的夏季绿肥，也用于果、桑园中种植做覆盖绿肥。

喜温暖湿润气候，在20 ℃以上温度时生长迅速，花期对低温很敏感。耐旱、耐阴，但不耐湿。在瘠薄的酸性红壤上可以良好生长，是改良红壤的优良绿肥。

印度豇豆是引自东南亚的另一种豇豆属优良夏季绿肥作物，生长旺盛，覆盖地面能力优于乌豇豆，也是优质的饲料作物。但生育期长，只适宜在长江以南各省栽培，多用作果、桑、茶等种植园的覆盖绿肥。

14. 沙打旺

沙打旺又叫地丁、麻豆秧、薄地犟。豆科黄芪属的一种多年生直立草本植物。沙打旺系由野生的直立黄芪，经人工驯化栽培选育而分化出来的一个种群。原产于我国黄河故道地区，是一种绿肥、饲草和水土保持兼用型草种。现主要栽培于我国东北、西北和华北等地，可与粮食轮作或在林果行间及坡地上种植。

适应性强，抗寒、抗旱和风沙，耐瘠薄，但不耐涝。气温在 5~6 ℃时开始发芽生长，-30 ℃低温下可以越冬，是半干旱地区优良肥饲兼用绿肥。

15. 多变小冠花

多变小冠花简称小冠花。豆科小冠花属，多年生匍匐性草本。在华北和西北等地表现优异，是一种优良的水土保持和覆盖绿肥作物，也是反刍类家畜的优质饲草。多于丘陵坡地、道路两旁种植以护坡，也用于林果行间种植，覆盖地表，改善生态环境。

多变小冠花适应性广，抗逆性强，耐寒、耐旱也耐踩踏，但不耐涝。在-28 ℃低温下能正常越冬，短期高温仍能良好生长。其强大的侧根可萌发大量根蘖芽，形成新株，是一种侵占性强的覆盖绿肥。

16. 肥田萝卜

肥田萝卜又叫满园花、茹菜。十字花科萝卜属，一年生或越年生直立草本。全国各地均可栽培，多用于稻田冬闲田利用或在红壤旱地种植，也是果园优良的绿肥。

喜凉爽气候，当气温在 4 ℃时可以发芽生长，15~20 ℃为最适生长温度。耐酸、耐瘠，吸收利用土壤中难溶性磷素能力较强，是一种改良新垦红壤低产田的先锋作物。常与豆科绿肥作物如紫云英、苕子等混播，以提高产量和质量。

17. 黑麦草

黑麦草系禾本科黑麦草属，一年生或越年生草本。喜温暖湿润气候，在 10 ℃气温时可良好生长，-16 ℃低温可以越冬，但不耐高温，当气温超过 25 ℃时，生长受抑制。耐瘠、耐盐能力较强，多用于与紫云英、苕子、箭筈豌豆等豆科绿肥混播。

18. 红萍

红萍又叫绿萍、满江红。满江红科满江红属，是一种繁殖系数很高的水生蕨类植物。其植物体管腔内有鱼腥藻与之共生，有较强的固氮能力。广泛用作稻田绿肥和饲饵料。

红萍对温度十分敏感，但种类不同，反应也不一样。蕨状满江红耐寒性较强，起繁温度为 5 ℃左右，15~20 ℃为适宜生长温度，多在冬春放养；中国满江红，耐热性较强，起繁温度为 10 ℃以上，适宜生长温度为 20~25 ℃，多于夏季放养。几种红萍配合放养，有利于延长放养期和提高产萍量。红萍耐盐性也较强，在 0.5%含盐量的水中可以正常生长。

其吸钾能力也强，在水中钾含量很低的情况下，生长良好，是一种富钾的水生绿肥。

三、绿肥在农业生产中的作用

（一）提供充足养分，增加作物产量

绿肥，尤其是豆科绿肥，不但具有较强的固氮能力，而且还可以通过其根系吸收下层土壤养分和难溶性的磷、钾等，起到富集和活化土壤养分的作用。翻压后，这些养分能迅速矿化，并积累在耕层中，保证了农作物生长的需要，达到提高农作物产量的目的。

但是，绿肥的增产幅度，受气候、土壤、作物和绿肥的种类、栽种方式、翻压期和翻压量以及管理因素等影响而有较大的差异。据试验结果看出，玉米和棉花间种油菜或水稻前茬种植油菜，油菜翻压后下茬小麦增产 15.2%，籽棉增产 13.1%，水稻增产 10.4%。

翻压绿肥不仅对第一茬作物有增产效果，而且后效一般可维持 2~3 年，特别是低产土壤。据田菁进行绿肥利用率试验表明，压田菁后第一茬小麦仅利用了压入绿肥总氮量的 26%，除部分未腐解矿化的残体和挥发淋失外，尚有 49%的绿肥氮遗留在土壤中。第二茬种谷子，绿肥可为谷子提供所需氮总量的 42.5%，而遗留在土壤中的绿肥仍有 36.2%。在谷子、大豆和小麦三年轮作制中，麦田套种草木樨，翻压后下茬谷子增产 67.5%，翻压禾本科绿肥狐茅，谷子增产 44.6%；而压草木樨和狐茅混播的，谷子增产率为 60.5%。而且其后效还可维持三年。压草木樨三年累积增产 143.5 kg/亩，压狐茅累积增产 100.7 kg/亩，草木樨与狐茅混播的，三年累积增产 145.9 kg/亩。

直接翻压绿色体做肥料有显著增产效果，利用根茬和残体也同样有增产作用。绿肥根茬肥效试验表明，种绿肥后，刈割绿色体做饲草或收籽后，其根茬和残体做肥料，因作物和土壤不同，增产效果仍达到 16%~76%。

绿肥能为农作物提供氮素养分，有的绿肥作物吸收钾能力较强，能很好地利用土壤中的缓效钾，以补充土壤钾的不足。商陆、青葙和水花生，其鲜草含钾量分别高达 0.89%、0.6%和 0.85%。

（二）改良土壤结构，提高土壤养分含量

1. 提高土壤有机质含量，改善有机质品质

绿肥增加土壤有机质含量包括直接和间接两方面的作用，新鲜的绿肥含 15%~20%的有机质，翻压后虽然大部分矿化，释放出养分供作物吸收利用，但仍有一部分经腐殖化积

累在土壤中，使土壤有机质含量增加。同时，施用绿肥后产量提高，使遗留在土壤中的作物残体量也有所增加，间接地丰富了土壤有机质。但是土壤肥力不同其积累有机质的效果有很大差异，在肥力高的土壤上，绿肥一般只能起到维持土壤有机质的水平，而在肥力低的土壤上，绿肥则具有明显增加土壤有机质的良好作用。

使用绿肥对改善土壤有机质的品质也有良好的效果。用毛叶苕子做绿肥，土壤腐殖质中的紧结态成分有所增加，利用田菁做绿肥，土壤中易氧化有机质含量增长率为15%，增值复合度提高了61%，说明压绿肥后不仅提高了土壤的保肥性能，而且供肥能力也有所增强。

2. **增加土壤养分，改良土壤结构**

绿肥养分含量高，翻压后可使耕层土壤养分增加，物理性状得到改善。稻田压绿肥后，土壤养分、酶活性都有不同程度的提高。同时还能疏松土壤，降低容重。利用绿肥改良黏结土试验表明，翻压紫云英，土壤全氮提高0.008%~0.009%，翻压紫云英和黑麦草混播绿肥，全氮增加0.011%~0.016%，土壤容重降低1 g/cm。总孔隙度提高4%~5%。中低产稻田压绿肥后，耕层土壤全氮、全磷、碱解氮、速效磷都有提高，土壤酶活性也大大增强。在北方旱地上试验也同样表明，绿肥对提高土壤养分和改善土壤结构具有良好效果，试验地翻压草木樨后土壤全氮含量为0.14%，而对照地全氮含量只有0.128%，碱解氮比对照提高了8.2 mg/kg土，速效磷、速效锌和速效铜分别比对照地增加了2.5 mg/kg土、1.0 mg/kg土和0.75 mg/kg土。容重下降，土壤中有益微生物数量提高了0.2~1倍。在盐渍土上，种植和翻压田菁，不仅提高了土壤养分含量，而且改善了土壤结构，使土壤非毛管孔隙度和渗透系数增加，土壤导水率和非饱和土壤蒸发量降低，从而促进了土壤的淋盐作用，抑制返盐，使盐渍土壤得到了改良。

（三）提供优质饲草，促进农区畜牧业发展

大多数绿肥作物的茎叶是营养价值很高的饲料。在豆科绿肥作物中干物质粗蛋白质含量一般达到15%~20%，是饲用玉米粗蛋白含量的2~3倍，而且还有多种氨基酸和维生素及其他矿质营养。这些营养丰富的绿色体喂畜后，其中很大部分养分仍通过畜粪排出，供作肥料。因此，种植绿肥喂畜，过腹还田，是经济利用绿肥，促进农区畜牧业发展，调整农产品结构的重要途径。

绿肥喂畜后，畜粪还田，其效果明显优于绿肥直接压青。施用喂绿肥的畜肥，可使棉花成铃率比压绿肥的提高3.5%~8.0%，霜前花达到82%，提高了7.8%；纤维长度提高

1.8~2.4 mm；衣分率提高 1.8%~2.1%。利用 10%红萍粉代替玉米粉调制成配合饲料喂肉鸡，其效果比喂全精料的增产 12%~14%；喂蛋鸡，产蛋率提高 53.7%。利用苕子喂猪，250 kg 干草粉可喂一头猪，节省精饲料（玉米）46.5 kg，降低成本 23%；利用绿肥喂兔，每增加 1 kg 活体兔重，仅需增喂精饲料 1.21 kg。充分表明，利用绿肥做饲料，是促进农区畜牧业发展的重要途径。

（四）改善农田生态环境，保持水土

绿肥改土效果，可使田间保水能力增加。同时，绿肥生长期间覆盖地面，可减少土壤表面水的分流，对防止水土流失有良好作用。绿肥覆盖，地表水分流量减少 27.5%，雨水渗透深度增加了 3~13 cm。种植绿肥牧草的坡地，水分流量比裸露地减少 50%~70%，泥沙冲刷量减少 52%~62%。

绿肥覆盖地面，对防止太阳辐射、调节土壤温度起到良好的作用。在南方夏季高温季节，可使地表温度平均下降 7~10 ℃，5 厘米土层平均地温下降 3~9 ℃。在北方夏季，绿肥覆盖后，可使地表温度控制在 30 ℃左右，这对保护作物根系正常生长是有利的。而无覆盖绿肥区，特别是沙土地，夏季晴天中午地表温度高达 50 ℃，在这种高温条件下，易使作物根系遭受灼伤，影响作物正常生长。

绿肥对抑制杂草也有良好的效果。种绿肥后，平均每平方米杂草减少了 30.5~32.7 株，杂草抑制率为 53.5%~57.4%；在北方苹果和桃园中调查，种绿肥后，杂草抑制率达到 74%~90%。

种植绿肥还有利于调剂茬口，改善土壤微生物区系。有些绿肥作物是害虫天敌的宿主，对防止病虫危害有一定作用。在小麦连作区，由于小麦连作年限长，招致小麦全蚀病蔓延，严重影响小麦产量。种绿肥能有效地抑制全蚀病的发病率。调查资料表明，绿肥茬小麦全蚀病发病率仅为 3%~5%，而连作 3~4 年小麦，全蚀病发病率达 30%以上。棉田种植油菜做绿肥，具有诱集蚜虫天敌瓢虫的作用。在蚜虫发生年，间种油菜的棉花，蚜株率比不间种油菜的减少 30%。百株棉花蚜虫量，间种油菜区为 25 头，瓢虫量为 12 头；而不间油菜的，百株蚜虫量高达 750 头，瓢虫量仅为 3 头。种油菜后瓢蚜比小于 1∶150，低于防治标准。

（五）其他

一些绿肥作物含有多种化学成分，是工业和医药的重要原料。如田菁、香豆子内胚乳

有丰富的半乳甘露聚糖胶，广泛用于石油工业做压裂剂，水胶炸药的胶凝剂以及印染、造纸和陶瓷等工业原料，也可用作食品工业的添加剂等。草木樨、香豆子含有香豆素，是重要的天然香料。扁茎黄芪、香豆子等还是重要的药用植物。紫云英、苕子、草木樨、苜蓿和三叶草等，流蜜期长，蜜质优良，是优良的蜜源植物。紫穗槐、胡枝子、柠条等的枝条适于编制多种用具，是农村副业的重要原料。可见，发展绿肥不仅能改土增产，还可为工副业提供原料，是农村实行多种经营、促进经济发展的重要途径。

四、绿肥的种植利用方式及效益

种植绿肥作物和其他农作物一样需占用一定的土地、时间和光热能资源，这在一定程度上与农作物生产发生矛盾。充分利用主要农作物生长期以外的时间和空间发展绿肥，是协调绿肥作物与主作物争地矛盾，把用地和养地有机结合起来的关键措施。

不同地区自然条件差异很大，农作物种植形式多样。因气候、土壤、种植制和农村经济条件的差异，绿肥种植利用方式也有很大的不同。长期以来，在农业生产实践中，一些行之有效的绿肥种植利用方式在农业生产中得到推广应用，取得了显著的效果。

（一）稻田冬绿肥的种植和利用

南方稻区，冬季通常种植一季小麦或油菜，实行水稻和旱作一年两熟或三熟种植制。但是许多地区因冬春季节低温、多雨，加之肥料不足，小麦、油菜产量低而不稳，致使形成许多冬闲田。利用这些冬休闲田种植绿肥，不仅充分利用了土地资源，提高土地生产力，同时还可为下茬水稻提供丰富的养分和改良土壤。紫云英是稻田的重要冬绿肥作物，一般在中、晚稻收获前后，播种于稻田中，利用冬春季节生长一茬绿肥或饲草，第二年春季水稻插秧前全都或部分翻压做绿肥。稻田种植绿肥虽然减少一季冬作物，但为下茬水稻提供了养分，解决肥料不足的矛盾，而且减少投资，总的经济效益增加。利用绿肥做饲料，使之转化为畜产品，其总的经济效益则更为显著。

采用豆科和禾本科草混播，有利于提高绿肥饲草的产量和品质。紫云英黑麦草混播，绿肥产草量比紫云英单播提高了 44.1%，每亩增加氮素 3.75 kg，磷素 0.9 kg，钾素 6.46 kg。翻压做绿肥，混播区比单播区早稻增产 27.3 kg/亩，晚稻增产 38.8 kg/亩。

除紫云英外，十字花科的肥田萝卜和油菜也是优良的冬绿肥。这些作物抗逆性强，留种容易，成本低廉，可单播也可与紫云英混播。

（二）一熟制粮田套、复种绿肥

东北和西北地区，无霜期相对较短，小麦多为一年一熟制。麦收后一般有 2~3 个月休闲期未能利用。夏秋期间种植一季绿肥饲草，可以充分利用土地和剩余光热资源，达到培肥改土，增产增收。通常在麦收后复种或结合小麦灌最后一遍水时套种箭筈豌豆、毛叶苕子或草木樨，冬前刈割做饲料，根茬和残体肥田，改小麦休闲为小麦绿肥种植制。采用这种形式，一般可增收绿肥饲草 2 000 kg/亩，可使下茬小麦产量比连作小麦平均增产 12.7%；光能利用率提高 25.7%；综合经济效益提高 17%。由于利用绿肥喂畜，促进了畜牧业发展，使农家肥数量增加，质量改善。采用麦田套种草木樨做饲料和绿肥，对低产田改良起到了良好的效果。

（三）中耕作物间、套种绿肥

间套种为两种以上作物同时或先后在同一块田中间隔种植。采用间套种绿肥，可减少主作物与绿肥争地的矛盾，提高土地利用率，同时不同作物共生，有利于互相促进，获得较高的总产量。间套种豆科作物，由于固氮作用，可为共生的主要农作物提供较多的氮素，促使农作物良好生长，而农作物在共生情况下吸收了氮素养分，又促进了豆科作物固氮效能的增强。所以间套种是克服绿肥生长需要占用一定的时间和空间的矛盾，把用地和养地有机结合起来的有效措施。生产上常用的粮肥间套种形式多种多样，目前效益较高，使用较普遍的方式主要有：

1. 一熟玉米间种草木樨

玉米宽窄行种植，宽行中间种 2~4 行草木樨，草木樨占地面积约为 1/3。这种间种方式，玉米面积虽减少了 1/3，因密度增加，其产量比单种玉米仅减产 7%~12%，但增收了 1 000~1 500 kg/亩优质饲草，并有 300 kg/亩左右的根茬残留在土壤中。玉米间种草木樨，其土地当量值达到 1.35，下茬大豆增产 32.5%，利用草木樨喂奶牛，节省了精料的投入，提高鲜牛奶产量，使总的经济效益比单种玉米、秸秆喂奶牛的增值 140 元/亩。

2. 小麦玉米二熟制中玉米间套种夏季绿肥

如套种田菁、柽麻、绿豆或油菜。夏玉米间套种绿肥，关键是要控制好玉米适宜的种植带距，既保证玉米有足够密度，保持产量水平，又能使绿肥有一定的生长空间，获得较高的产草量。试验表明，玉米种植带距不同，对玉米和绿肥产量有较大影响。玉米采用大小行种植，大行距为 1~1.1 米，小行距 50~60 cm，株距 30 cm，保证了玉米的密度。在大行距中种植绿肥，以绿肥占地面积不超过45%较为适宜。同时还应控制绿肥的播种期，特别是直立型高大的绿肥作物，如田菁、柽麻等。一般应控制在玉米授粉前，田菁等植株高度在玉米果穗的下部，以防止绿肥生长过旺，郁蔽度过大而影响玉米授粉。

3. 棉田间套经济绿肥

在棉田中秋季套种蚕豆、豌豆，翌年春摘青荚做蔬菜，秸秆及残体做肥料，是解决棉花有机肥料不足、提高绿肥经济效益的一种有效利用绿肥的方式。在棉花间套种蚕豆，可收青荚360 kg/亩和1100 kg/亩秸秆，使棉花产量增加38.9%，亩增值达200元左右。玉米、小麦和水稻田同样也可以间套种蚕豆、豌豆，以达到增产增收的目的。

（四）粮食与绿肥作物轮作

实行粮食和绿肥轮作是半干旱瘠薄地区一种培肥增产的重要措施。用于轮作的多为多年生绿肥，如苜蓿、沙打旺等。但是多年生绿肥作物纳入轮作制中，占地时间长，整个轮作周期粮食总产明显受到影响，总的经济效益也低。采用生长期短的绿肥作物与粮食轮作，可以克服多年生绿肥占用土地时间长的缺点，使周期粮食产量和效益增加。半干旱地区，种植一年草木樨做饲料，根茬还田，再种两年粮食作物，实行1年草2年粮的3年短期轮作。一个周期，粮食总产量虽略低于3年粮食连作区，但增收了200 kg/亩优质干草。第二个轮作周期，粮食作物区因长期粮食连作，肥料不足，产量下降；而粮草轮作区，由于草木樨的根茬肥效，粮食作物增产显著，2年粮食总产超过3年连作的粮食总产。如采用多年生绿肥轮作，实行3年草3年粮的6年轮作制。前3年种绿肥饲草虽收获了50 kg/亩绿肥种子和1 300 kg/亩秸秆，后3年粮食由于草的效应单产均有所提高，但周期总产量则明显下降。说明实行短期粮草轮作，无论是提高土壤肥力、保持粮食产量水平以及提高综合经济效益都是有利的。

（五）经济林园绿肥的种植

我国经济林园发展很快，特别是果园。但大多数果园立地条件差，肥料施用不平衡，致使果品产量和质量较低，商品竞争力不强。利用果树行间空间大、争地矛盾小的特点，种植绿肥直接翻压或覆盖地面，以改善果树的土壤条件和生态环境，提高果品产量和质量，潜力很大。北方果园行间种植毛叶苕子、百脉根、小冠花、草木樨或沙打旺，南方柑橘园种植乌豇豆、豌豆或白三叶等绿肥作物，不仅可以节省大量人工和机械进行土壤耕作管理，而且产量和品质提高，经济效益明显增加。

五、绿肥的合理施用

绿肥作物生长过程中，通过光合作用，把土壤中无机营养物质转化成为绿肥有机物。这些有机质翻压到土壤中，在土壤微生物的作用下，腐解矿化，重新分解成无机营养物质，供作物吸收利用。种植绿肥实际是完成了一次生物物质循环。掌握绿肥养分转化规律，控制和调节绿肥养分释放、供应和积累，对充分发挥绿肥肥效是十分重要的。

（一）绿肥腐解矿化规律及限制因素

绿肥翻压到土壤中，有机物被逐渐分解，一部分成为可被植物吸收利用的营养物质，一部分重新组合，形成土壤腐殖质。前者称之为矿质化，后者叫作腐殖化。这两个过程是同时进行的。绿肥只有通过腐解矿化作用，才能发挥肥效。

有机物的矿化过程，是有机物质在微生物作用下，大量有机碳消耗，部分氮素被微生物利用，成为微生物有机体而被固定。当有机物中碳氮比值达到 10 左右，其氮素化合物开始分解，释放养分，即氨化作用。这一过程是在酶的催化作用下，分解成为简单的氨基酸化合物，以后又进一步分解成单个氨基酸，再由氨基酸分解成铵和其他化合物。在通气条件下，铵又经硝化作用，形成硝酸盐，铵态氮和硝态氮都可供植物吸收利用。

有机物的腐解矿化，受有机物本身的组成成分和外界环境条件如温度、水分、通气条件以及耕作措施等因素的影响。生产上常用的绿肥多以豆科为主，含氮量相对较高，碳氮比值小，腐解矿化快。一般翻压后 7~10 天就能释放出养分供农作物利用；翻压后 30~40 天，就有约一半以上的有机物腐解矿化。所以，绿肥是有机肥料中一种较为速效的肥料。禾本科绿肥和农作物秸秆，因其含氮量较低，碳氮比值大，前期腐解矿化较为缓慢，且伴随有氮素固定现象。只有当有机碳消耗到一定程度之后，有机氮才能迅速矿化。比较几种有机物料的矿化速率，结果看出，苕子茎叶鲜嫩。碳氮比值为 12，木质素含量也低，故腐解矿化快，翻压后 30 天，有 70%左右的有机物分解，柽麻的茎秆粗大，且茎秆下部部分木质化，木质素含量较高，碳氮比值为 30，其矿化速率比苕子缓慢；玉米秸秆的碳氮比值高达 51，木质素含量也高，翻压前期腐解矿化慢，翻后 30 天只有约 40%的有机物矿化。

不同土壤环境，影响着土壤微生物区系和活性，使有机物的分解速率也有所差异。试验结果表明，土壤肥力和温度对绿肥有机物有明显的影响。土壤水分在有效范围内，肥力和温度与有机物矿化速率呈正相关，绿肥翻压次数，对有机物矿化率也有一定的影响。北京褐土条件下试验，在总翻压有机物数量（4 500 kg/亩）相同情况下，一次全部压入和分三年压入，有机物矿化率明显不同。第一年压入全部绿肥有机物，而第二、第三年不补充新鲜有机物，会造成土壤中有机物矿化加剧，三年有机物总矿化率达到 79. 8%，而每年压入 1 500 kg/亩绿肥，三年总压入量相同，但因每年补充了新鲜有机物，其总矿化只有 64.1%。可见每年压入一定量的绿肥，不仅有利于适时适量地提供养分，也有利于土壤有机质的积累。掌握了绿肥的矿化特点和影响因素，对提高绿肥肥效是十分重要的。

（二）绿肥的翻压期和翻压量

翻压绿肥要适时，才能充分发挥其肥效。翻压过早，养分释放高峰期提前，作物不能及时吸收利用，不仅起不到绿肥应有的效果，还会造成养分损失。翻压太晚，则往往影响后作的播种和生长以及作物前期养分供应不足、后期养分偏高而造成贪青晚熟和倒伏。适时翻压，首先要考虑下茬作物的播种期，即压绿肥后，要有足够时间进行土地整理，保证良好的生长环境，使后作物能进行适时播种。在后作物播期允许范围内，则应考虑让绿肥作物有充足的生长时间，以便积累较多的有机物和养分，利于均衡供肥。

紫云英翻压时间以在水稻插秧前 15 天左右为宜。这样水稻插秧后就能及时得到养分供应，提早返青，有利于早生快发。如翻压过晚，则土壤中有效养分供应推迟，造成水稻前期迟发，后期猛长。早稻生长时间较短，特别是有效分蘖时间短促。前期迟发就不能获得足够的有效分蘖，达不到穗多穗大高产的目的。而后期猛长则会造成贪青晚熟和倒伏，降低产量。

北方夏季绿肥如田菁，一般是在麦收后种植，秋季小麦播前翻压，绿肥生长期仅有 70~80 天。绿肥生长期短，如过早翻压，植株鲜嫩，含水率偏高，干物质积累少。虽植株氮含量较高，但因总生物量低，总氮量也不高。而且绿肥生长前期，根瘤刚刚形成，固氮作用尚未充分发挥。这个时期翻压，不仅养分供应偏少，而且养分释放势必大大提前。在种麦前养分释放高峰期即已出现，造成氮素大量流失。适当推迟到田菁开花后期或初荚期翻压，即种麦前 10 天左右，这时从干物质积累、总氮量和固氮效能等方面看，均对发挥绿肥的肥效有利。在这时翻压，养分释放高峰期正值小麦苗期生长和冬前有效分蘖阶段，充足的养分供应对小麦冬前生长有利，为高产打下了良好的基础。绿肥翻压量对提高绿肥的肥效，同样有着显著的相关性。在一定范围内，随着绿肥压量的增加，其增产改土效果也随之增加。但是翻压量也不是越多越好。压量过大往往会产生不良的效果，特别是水稻田。稻田绿肥是在嫌气条件下分解的，易产生有机酸和有害气体，使土壤还原势增加。土壤中氧气缺乏，硫化物还原产生过量硫化氢，使稻根受毒害。水稻呈现萎缩现象，很少发生新根。据试验发现，紫云英压后 10 天，耕层土壤氧化还原电位降至最低点，而土壤还原物质含量大大增加。其中以有机酸总量增加值最大。未压紫云英的稻田，有机酸总量为 0.038 厘摩尔/kg，而亩压 1 500 kg，2250 kg 和 3 000 kg 紫云英的稻田，其有机酸总量分别达到 0.230 厘摩尔/ kg、0.261 厘摩尔/kg 和 0.296 厘摩尔/kg；水溶性亚铁含量，未压紫云英的稻田含量为 36 mg/kg 土，而压不同量紫云英的分别达到 56 mg/kg 土、70 mg/kg 土和 83 mg/kg 土。因此，为避免或减轻还原物质的危害，适当控制压量是有利的。研究表明，在中肥力稻田，亩压紫云英 500 kg，增产稻谷 13.2%；压 1000 千克鲜草的，稻谷增产率为 165%；压 1 500 kg 的，增产率达到 21.8%；而压 2 000 kg/亩时，其增长率与压 1 500 kg 的处理相近。可见，在中肥力稻田，以亩压绿肥 1 500 kg 较为适宜。稻田紫云英一般产量较高，可达 2 000~3 000 kg/亩。在这种情况下，刈割一部分做饲料或移至其他田块利用是有利的。

在旱地，由于通气条件好，翻压绿肥后产生有毒物质的现象不明显，因而压量大对后作产量不会产生明显的不良影响。但是翻压量过大，对耕翻和整地不利，甚至会影响后作出苗。而且压量过大，养分不能充分利用，也会造成损失。所以，一般压量也不要超过 2 000 kg/亩。

（三）绿肥与无机肥料配施

1. 与氮肥配施

豆科绿肥，因具有固氮能力，在一般情况下，种植绿肥时不必施用氮肥。但从绿肥腐解矿化特点看，绿肥翻压后矿化快，一般 30~40 天就有 60%左右的有机物分解矿化。这可为作物生长前期提供充足的养分。但是当农作物由营养生长阶段转入生殖生长阶段，这时作物所需养分明显增加，而绿肥供肥水平却呈下降趋势。在这种情况下，适当配施一部分氮肥，对弥补绿肥后期供肥不足，保证后作物整个生育期养分均衡供应是很重要的。据田菁供肥特点试验表明，秋翻田菁在整个腐解过程中出现两个氮素释放高峰期。第一次高峰期是在压后一个月左右，即冬前。这时土壤中氮积累量明显增加，可为冬前小麦生长提供足够的养分，而且还有部分遗留在土壤中。但是到了小麦拔节抽穗期，虽然绿肥养分释放出现第二次高峰，但供氮强度明显低于第一次高峰期。而这时正值小麦需肥量大大增加，绿肥提供的氮量不敷小麦生长之需。小麦生殖生长阶段，土壤中氮含量应维持在 10~20 mg/kg 土的水平，才能保证小麦正常生长的需要。而这时压绿肥的土壤中氮含量仅为 5 mg/kg土，明显低于正常水平。因此，在小麦拔节期应集中追施一次氮肥，调节土壤供氮水平，防止后期脱肥。试验也充分证明，在小麦生长前期，其所吸收的氮素主要来自绿肥，约占小麦这一时期所需氮量的90%；而当小麦进入生殖生长阶段，绿肥所提供的氮量只占小麦所需量50%~60%，表明后期追施氮肥是必要的。

从稻田翻压紫云英的试验也同样看出，紫云英供肥高峰期为水稻分蘖前期，而到分蘖后期土壤供氮能力开始下降，这时土壤中氮含量偏低，远远满足不了水稻生殖生长的需要。在水稻分蘖期追施适量的氮肥，可以提高土壤供氮能力，从而保证水稻后期生长的需要，增加水稻有效分蘖的成穗率，达到高产的目的。

2. **绿肥与磷、钾化肥配施**

大多数绿肥作物吸收磷、钾的能力较强，种绿肥时施用磷、钾肥有利于提高绿肥产量和养分含量，同时也有利于提高磷、钾化肥的利用率。作物体内磷素的浓度以在其生长初期最高，这对促进植物体细胞增殖和根系生长有利，因而作物需磷的临界期多在苗期。苗期缺磷，作物整个生育期都会受到影响，即使后期补充磷肥也很难得到补偿。在缺磷土壤中，播种作物时施用磷肥至关重要。绿肥作物播种时施用磷肥，不但可加速绿肥生长，提高鲜草产量，同时还能增加绿肥的氮、磷养分含量，提高绿肥肥效。这主要是由于施用磷肥对植物体内碳水化合物的代谢有明显影响，可以加速同化产物的运转，促进根瘤固氮效能的提高；磷素还能影响植物体内含氮物质的代谢，提高植物组织中蛋白质含量。在稻田中，翻压施磷肥的绿肥，水稻对磷素的吸收率达66.2%，每千克过磷酸钙可增产稻谷5千克，而等量的磷肥直接施在水稻上，水稻对磷素的吸收率为14.7%，每千克磷肥仅增产稻谷1.5 kg。在麦田，翻压施用磷肥的田菁绿肥，下茬小麦增产67.9%，每千克磷肥增产小麦4 kg，而磷肥施在小麦上每千克磷肥仅增产2.3 kg。

与磷肥一样，施用钾肥同样具有明显的效果。钾肥能提高植株中含钾量，促进植株对磷素的吸收利用和提高固氮效能。试验表明，紫云英增施钾肥，植株中氮含量增加值达到0.27%~0.38%，磷含量增加值0.013%~0.043%；钾（K）含量增加值为0.56%~0.64%。试验表明，施钾肥有利于提高绿肥对土壤磷钾养分的富集作用，增强固氮能力。磷、钾配合施用，效果尤为显著。紫云英施磷钾肥，植株吸收磷、钾总量比磷、钾单施的分别提高17.8%、64.5%和57.7%、33.5%。

我国磷、钾资源不足，大部分土壤磷、钾养分偏低。合理分配磷、钾肥料的施用，可将它们提前施在绿肥作物上，通过绿肥作物的转化，提高磷、钾养分的有效性，防止磷、钾养分固定和损失，使有限的磷、钾资源充分发挥其最大的经济效益。同时还可提高绿肥的产量和肥料价值，起到以磷（钾）增氮的效果。所以种植绿肥时配合施用磷、钾肥，是经济利用磷、钾资源，提高磷、钾和绿肥肥效的有效措施。

第七章　新型肥料与施用

随着科学技术的快速发展，肥料科学领域的新知识、新理论、新技术不断涌现，肥料向复合高效、缓释控释（长效）和环境友好等多方面发展，因而，人们把利用新方法、新工艺生产的具有特殊营养功能和改土培肥效果的肥料称为新型肥料，以区别于用传统化肥工业技术生产的化学单质肥料和复合肥料以及未经深加工的有机肥料。它是针对传统肥料的利用率低、易污染环境、施用不便等缺点，对其进行物理、化学或生物化学改性后生产出的一类新产品。目前，新型肥料包括作物专用配方肥、生物有机肥、水溶性肥料、活化磷肥、氨酸螯合肥、含肽氮肥、硫磺加强型肥料、富过磷酸钙磷肥、高分子聚合物增效肥料、微量元素肥料、微生物肥料、缓控释肥料以及土壤调理剂、保水剂以及稀土农用制品等。

第一节　作物专用配方肥

一、测土配方施肥技术

不同作物具有不同的生长发育规律和需肥规律，同一作物在不同的生育阶段对不同养分的需要量和所需养分之间的比例也不同。作物所需养分，主要靠作物吸收土壤中的有效养分和人工施肥提供的养分来满足，不同土壤所能为作物提供的养分量也因作物种类、气候条件和作物生育阶段而不同。所谓测土配方施肥，也称为平衡施肥，是根据作物需肥规律、土壤供肥性能与肥料施用效应，在施用农家肥的基础上，提出一定土壤条件下一定作物的氮、磷、钾化肥和微量元素的适当比例和用量以及相应的施用技术。也就是说，测土配方施肥是通过土壤供肥能力调查和施肥手段，来调节土壤供肥与作物所需营养的供需关系，找出最佳用量和合适比例，做到科学化、合理化、定量化。

测土配方施肥是根据作物需要的养分总量扣除农家肥料和土壤提供的养分以后，不足部分由化学肥料来补充（一般农家肥可以提供40%～50%的养分）。根据配方施肥的依据不同，配方施肥的主要方法有三种：①地力分区（级）配方法。即将耕地按土壤地力高低划分为若干等级（如高、中、低）作为一个配方区，再利用土壤普查资料和以往田间试验结果，结合已有经验，估算出配方区内较适宜的化肥种类和用量。②目标产量法。先确定一个产量目标，再按作物吸收养分的数量，估算出每个单位面积（一般为亩）所需化肥量及氮、磷、钾的比例。③田间试验配方法。通过设立肥料单因子或多因子处理，据多点田间试验后的结果，选择最佳的配方，确定化肥的合理施用量与氮磷钾的施用比例。

从20世纪70年代末至80年代初开始，我国首先在全国各地几种主要农作物的施肥实践中开始了测土配方施肥技术的推广应用，显示了良好的社会、经济和生态效益，既增产，又节约肥料，还克服了由于不合理的施肥造成的养分流失和农田生态环境的污染。但是这种施肥技术由于需要了解不同地区不同土壤供肥特性和特定作物的需肥特性，以及各种肥料的有效养分含量及其养分的利用率等资料，对于文化和科技水平不高的农民来说，要做好配方施肥的推广应用有较大的困难，因此这一施肥技术也就难以大面积普遍推广应用。作物专用肥的生产、应用，便是在克服配方施肥技术应用中存在的局限性基础上发展起来的。

为了进一步推广应用测土配方施肥技术，进入21世纪以后，国家财政每年投入专项资金，逐步在全国所有农业县（市、区）全面开展了测土配方施肥工作，对全国各种农作物的施肥参数进行了系统研究，建立了各种农作物的施肥指标体系，为作物专用配方肥的生产与推广应用奠定了坚实的科学基础。测土配方施肥工作进入常态化，中央财政每年安排一定数额的资金继续支持测土配方施肥工作。在施肥分区上，根据区域生产布局、气候条件、栽培条件、地形和土壤条件确定了5个玉米大区、5个小麦大区和5个水稻大区；配方设计上，依据区域内土壤养分供应特征、作物需肥规律和肥效反应，结合氮素总量控制、分期调控，磷肥衡量监控钾肥肥效反应的推荐施肥基本原则，提出了推荐配方和施肥建议。此外，为加强对秋冬季作物的科学施肥指导，提高肥料利用效率促进作物增产、农民增收和农业可持续发展，根据秋冬季作物需肥特点，以测土配方施肥项目成果为主要依据，研究制定相关农作物科学施肥指导意见，为各地农作物的科学施肥提供指导。

二、某些作物的营养嗜好特性

研制作物配方肥的主要目的是为了更好地满足不同作物的营养需求，节约肥料，提高肥料养分的利用率，同时也能减少农业面源污染，保护生态环境。因此，掌握不同作物的营养特性和需肥规律是非常重要的。特别是某些作物有明显不同的营养嗜好，在配方肥的配方中，满足这些作物的特殊营养嗜好，将会收到事半功倍的效果。现将某些作物的特殊营养嗜好介绍如下。

（一）喜硝态氮的农作物

硝态氮在土壤中的移动性比铵态氮大5~10倍，作用迅速，更易被作物吸收，对一些作物生长有良好的促进作用。蔬菜作物多为喜硝态氮的作物，在完全硝态氮的条件下，产量最高；而铵态氮过多时，则抑制钾和钙的吸收，影响根系的正常生理活动，减弱根组织对铵离子的同化能力，易使蔬菜生长受影响。所以，在蔬菜专用肥配方中，应注意硝态氮与铵态氮的比例。一般情况下，铵态氮不宜超过1/4~1/3。

在烟草的营养生长期，需要充足的氮素来满足其茎叶的旺盛生长，而进入分层落黄自然成熟期以后，则要求土壤逐渐减少或停止氮素供应，以保证叶片正常成熟，这种“少时富，老来贫，烟株长成地劲退”的烟草需氮规律与硝酸铵的肥效特性相符。硝酸铵含50%硝态氮和50%铵态氮，硝态氮的供肥特点是肥效快，时间短，与优质烤烟的生理规律相吻合，硝态氮还有利于柠檬酸和苹果酸等干物质积累，增强其燃烧性；铵态氮被土壤胶体吸附，肥效较稳、有利于后期烟叶叶片成熟，使叶片厚度适宜，颜色好，味道醇。所以，在烟草专用肥中用硝酸铵做氮源对提高烟叶的产量、质量具有特殊的作用。因此，选用硝酸铵、过磷酸钙和硫酸钾为基础原料，并加以合理配比而生产的烟草专用肥，对我国优质烟叶的生产将会起到积极的促进作用。

此外，棉花也是喜硝态氮的作物，棉花专用肥中硝态氮含量增加，棉花的产量也随之增加。果树也是属喜硝态氮的作物，果树专用肥中加入一定比例的硝态氮，不仅作用迅速，而且肥效持久。

（二）喜钾的农作物

凡是碳水化合物含量较多和纤维类的作物，如烟草、甘薯、棉花、西瓜和果树等，需钾量较大，称之为喜钾作物。对这些作物施用钾肥，不仅能增产，而且还能改善品质。

烟草是喜钾作物，它吸收的钾素比任何其他元素都多，故钾素对改善和提高烟叶的品质具有非常重要的作用。一般来说，烟叶中含钾量高被公认为是优质烟叶的指标之一。当钾素供应充足时，烟叶组织细致，叶片平展落黄好，烤后色泽鲜亮，香气浓，味道醇，富有弹性和韧性，燃烧持火力强，焦油含量相对较少。

甘薯的块茎和叶蔓含钾素最多，在整个生长过程中吸收钾比氮、磷多，尤其是块根膨大阶段更为明显。这是由于钾有促进碳水化合物合成和输送，增强细胞分裂，使薯块不断膨大的功能。钾还能改善薯块品质，增加干物质和糖的含量，提高抗旱能力，增强薯块耐贮性。在甘薯茎叶生长较旺的情况下，增施钾肥还能抑制地上部分生长，促进薯块膨大。

棉花是需钾较多的作物，钾能促进棉花纤维素的合成，使纤维质地良好。近年来，随着氮、磷用量的逐年增加以及复种指数的提高，土壤中钾的消耗不断增加，只靠根和少量的有机肥补充钾素已不能完全满足棉花达到高产、稳产、优质而对钾的要求。增施钾肥已成为不可忽视的技术措施。

西瓜在整个生长发育时期对钾的吸收最多，氮次之，磷最少。施钾主要是促进蔓叶生长，增强植株抗病力。西瓜施钾后，茎叶茂盛，光合作用加强，蔗糖合成酶的活性增强，还能促进体内糖分的形成与运输，提高含糖量。

林果作物也是需钾较多的作物。钾对维持细胞原生质的膨胀或防止失水以及细胞液的缓冲性关系密切，对碳水化合物的合成、输送及转化，对促进氮的吸收及蛋白质的合成，对叶绿素的合成等都有良好的作用。同时钾又是多种酶的活化剂，许多酶促反应过程都离不开钾，钾直接促进维生素的合成和枝条组织粗壮成熟，提高抗旱能力，增大果实，提高果实品质和耐藏性。

（三）喜硅的农作物

水稻是典型的喜硅作物。亩产 500 kg 的稻田，水稻对硅的吸收量为 65 kg，约为水稻吸收氮、磷、钾总量的 2 倍。水稻施硅能促进水稻穗粒的形成，提高产量。硅素在水稻生理上的作用，主要是提高细胞壁强度、抗倒伏和抗病虫害的能力，并使植株挺拔、叶片张角减小，提高植株透光率，使叶片受光均匀，光合势和光合生产率均有增高，改善通气组织，增进根系氧化力。同时，施硅还可增加水稻对磷肥的吸收利用，且提高土壤磷的释放速度。施硅还能提高水稻后期对氮的利用，加速氮的输送和积累，利于籽粒的形成和增重。

（四）喜钠的农作物

由于钠盐能使纤维排列紧密，提高纤维强度和拉力，故可提高棉花的品质。所以，棉花施用硝酸钠其肥效比等氮量的其他氮肥效果更好。

甜菜是属于含钠量较多的作物，茎叶和块根的含钠量仅次于含钾量，比氮、磷含量还多，所以施用含钠肥料对甜菜有良好的作用。甜菜施用硝酸钠会使叶片丛立、新鲜，明显提高光合作用，不但能提高块根产量，而且还能提高块根的含糖量。同时钠能增强甜菜对钾的吸收，当缺钾时，钠能起到缓解作用；钠还能降低块根有害氮的含量，改善块根的品质，提高产糖量。

此外，菠菜、萝卜、芹菜等，在有钠素条件下生长特别好。

（五）喜其他元素的农作物

硫也是作物的必需营养元素之一，特别对茶树、油菜、豆科作物、薯类作物和百合科作物有特殊的营养效果。葱、蒜类蔬菜都含有辛辣性挥发物，施硫肥辛辣味就特别浓。

花生是喜钙作物，对花生施钙能加强氮素代谢，促进花生根系和根瘤菌的形成和发育，有利于荚果充实饱满。蔬菜类作物其体内含钙量比禾谷类作物高出 12 倍，故蔬菜也列为喜钙作物。钙可减轻作物病害，提高耐运耐贮性。

另一些作物，如甜菜、椰子、猕猴桃和油棕，则需要较多的氯，称为喜氯作物，在配方设计时应加入一些含氯的肥料，如氯化铵、氯化钾等，效果很好。

对微量元素特别敏感的作物有：油菜是喜硼的，油菜施用硼肥可株高、角多、粒重，能明显提高产量；玉米、水稻是喜锌的，土壤缺锌时，施锌肥的增产效果最显著；花生和豆科作物是喜钼的，施用钼肥苗壮早发，根系发达，根瘤多而大。

三、水稻专用配方肥

水稻专用肥或称水稻复混肥、掺混肥，是作物专用配方肥的一种，是配方施肥技术在水稻施肥实践中的科学应用，是水稻科学施肥技术的物化产品。自 20 世纪 80 年代中期以来，我国水稻专用肥在全国各水稻产区得到了广泛的推广应用，已成为水稻物化栽培技术的重要组成部分和实现水稻高产优质、农民发家致富的重要技术手段，同时还大大减轻了农民农业生产的劳动强度，是实现水稻生产简单化、规范化和轻型化的重要途径，代表了新世纪水稻生产技术的发展方向。

水稻专用肥是依据稻田土壤供肥特性、水稻作物的营养特性和养分吸收规律而配方生产的作物专用肥，是目前推广应用最广的作物专用肥。最初主要由无机矿质单质肥为原料生产低浓度的普通无机水稻专用肥，随着有机固体废弃物的无害化和资源化技术以及肥料缓、控释技术的发展和应用，自 20 世纪 90 年代以来，具有较高科技含量的水稻有机专用肥和水稻缓、控释专用肥产品不断问世，不但实现了水稻生产的高产优质和节本高效，而且大大减轻了肥料养分的淋溶损失和环境污染，取得了显著的社会、经济和环境效益。现将目前湖南省生产的、推广应用效果较好的几种水稻专用肥及其科学施用方法介绍如下。

（一）“芙蓉”牌杂交水稻专用缓释、控释复合肥

“芙蓉”牌杂交水稻专用缓释、控释复合肥是由中国石化股份有限公司巴陵分公司与国家杂交水稻工程技术研究中心于21世纪初共同研制开发的。它是通过对稻田土壤肥力特点和杂交水稻的营养特性和吸肥规律进行综合研究而提出的科学肥料配方，并科学应用养分分段缓释、控释等核心技术生产的一种新型绿色环保水稻专用肥。

（二）“强农”牌水稻专用配方肥

根据其养分含量不同，有两种系列产品。

1.“强农”牌水稻专用配方肥

其使用方法是：每亩施用该肥料40~50 kg做基肥，结合耕作措施使肥料与土壤混合，保持肥水不外流。水稻移栽或抛秧后7天左右（分蘖肥）再追施尿素一次：常规稻、早熟品种施尿素5~6 kg；杂交水稻、迟熟品种施尿素8~10 kg。

2.“强农”牌水稻一次性配方肥

其使用方法是：在早、晚稻插秧前的最后一次耕田前，保持田面薄水，将所需施用的肥料全部施下，结合耕作措施，使肥料与全耕层土壤充分混合，达到土肥相融后即可移栽，以后不再追肥。根据目标产量确定施用量：目标产量400~500 kg/亩，施用40~50 kg/亩；目标产量500~600 kg/亩，施用50~55 kg/亩。本产品不适宜用于沙性田，对于采用免耕与秸秆还田技术的田块，要追加氮肥。采用该肥和一次性全层施肥技术，具有节肥省工、使用简便、高产高效等优点。

四、蔬菜专用配方肥

蔬菜专用配方肥是依据蔬菜土壤的供肥特性、蔬菜作物的营养特性和养分吸收规律而配方生产的作物专用肥。但由于蔬菜类作物种类多，不同种类的蔬菜营养特性与需肥规律差异甚大，因此，蔬菜类作物专用肥一般根据营养特性与需肥规律分类配方研制。如按不同种类蔬菜配方的蔬菜专用肥有叶菜类蔬菜专用肥、瓜果类蔬菜专用肥、块根块茎类蔬菜专用肥之分。

（一）硫酸钾型蔬菜专用基肥

蔬菜种植应具备的土壤条件是，菜田土壤除需有机质含量丰富外，还需经常保持有效

氮含量在 70 mg/kg 以上，速效钾含量在 150 mg/kg 以上，速效磷含量在 60 mg/kg 以上，以及丰富的钙、镁、硫中量元素，一定量的可给态硼、猛、锌、铜、铁、钼、氯等微量元素，同时要求所含养分必须平衡。对于日光温室（保护地）菜田土壤，营养元素的含量还需要更高些。并且还发现，有些地区的保护地蔬菜面积占有相当比重。对全区保护地蔬菜土壤的检测结果表明，保护地菜田土壤肥力好于露天菜田肥力，但与蔬菜种植对土壤肥力的要求相比，还是普遍偏低。

根据蔬菜需肥参数，设计研制的硫酸钾为钾素原料的硫酸钾型蔬菜专用肥系列产品。其特点就是加大了硫酸钾在配方中的比例，形成了独具特色的蔬菜专用肥配方。例如，颗粒状辣椒专用基肥的配方是：氮、磷、钾比例为 14∶12∶19，钾肥选用优质的硫酸钾，氮、磷肥，选用国家大型企业生产的优质尿素、磷铵、硫酸铵、磷酸钙等原料。造粒用黏合剂选用优质膨润土，它既起到黏合剂的作用，又能吸附部分营养组分，起到缓释作用。加入膨润土还提高了产品成粒率及颗粒的外观质量。

（二）蔬菜专用追肥

研制了针对保护地蔬菜生产的蔬菜专用追肥。保护地蔬菜产量大，需肥量多，若基肥施用量过多，会使蔬菜苗期营养过剩，肥料利用率降低，而在蔬菜生长旺季往往出现脱肥现象，影响产量。因此，在蔬菜生长旺季要定期追肥，以满足蔬菜需肥要求。蔬菜专用追肥的配方，是在根据土壤肥力状况，在施好基肥补充调整土壤营养组分、培肥地力的基础上，根据蔬菜需肥规律，满足蔬菜生长中后期产品，无须造粒，为粉状。选用优质的氮肥、磷肥及优质硫酸钾、水硫酸镁等。另外，加入硼、钼、铁、锰、铜、锌等微量元素和少量植物生长调节剂，满足了蔬菜对微量元素的需求。植物生长调节剂起到防病治病、促进蔬菜生长的作用。

第二节　水溶性肥料与一体化技术

一、水溶性肥料的概念与产品特点

水溶性肥料，是一种可以完全溶于水的多元复合肥料，它能迅速地溶解于水中，更容易被作物吸收，其吸收利用率相对较高，更为关键的是它可以应用于喷、滴灌等设施农业，实现水肥一体化，达到省水省肥省工的效能。一般水溶性肥料可以含有作物生长所需要的全部营养元素，如氮、磷、钾、钙、镁以及微量元素等。与传统的过磷酸钙、造粒复合肥等品种相比，水溶性肥料具有明显的优势。首先，其主要特点是用量少，使用方便，成本低，作物吸收快，营养成分利用率极高。而且，人们可以根据作物生长所需要的营养需求特点来科学设计配方，从而不会造成肥料的浪费，其肥料利用率差不多是常规复合化学肥料的2~3倍。其次，水溶性肥料是一种速效肥料，可以让种植者较快地看到肥料的效果和表现，可以根据作物不同长势，随时对肥料配方做出调整。因此，根据水溶性肥料所含的有效养分种类不同，可分为大量元素水溶性肥料、中量元素水溶性肥料、微量元素水溶性肥料、含氨基酸水溶性肥料、含腐殖酸水溶性肥料，以及磷酸二氢钾、微生物类水溶性肥料等。目前，国家已对这些产品出台相对完善的产品质量标准，不但明确规定了各类产品的有效成分、包装规格、标签制作、商品名称等，而且对产品的使用说明也做了规范性要求，明确规定不得有误导、夸大产品效果的宣传等现象。

水溶性肥料的施用方法十分简便，它可以随着灌溉水包括喷灌、滴灌等方式进行灌溉时施肥，既节约了水，又节约了肥料，而且还节约了劳动力，在劳动力成本日益高涨的今天使用水溶性肥料的效益是显而易见的。由于水溶性肥料的施用方法是随水灌溉，所以使得施肥极为均匀，这也为提高产量和品质奠定了坚实的基础。水溶性肥料一般杂质较少，电导率低，使用浓度十分方便调节，所以即使对幼嫩的幼苗也是安全的，不用担心引起烧苗等不良后果。

水溶性肥料起步于20世纪90年代初期，近些年来，水溶性肥料产业发展步伐大大加快。加大了对优质、高效、生态环保型水溶性肥料的研发力度，土肥技术推广机构也逐步加大对优质水溶性肥料的试验、示范及推广力度。

为了识别各种水溶性肥料中的不同组成成分，人们一般用微量元素来表示水溶性肥料中养分的不同配比。添加的微量元素主要有硼、铁、锌、铜、钼，其中以添加螯合态微量元素最优。由于螯合微量元素的吸收利用效率是无机态微量元素的40倍左右且又十分安全，即使很低添加量也不用担心作物出现缺素症状，不会出现微量元素的中毒现象，更不用担心不同元素混配在一起会引起的拮抗作用。部分更为优质的产品还能够根据作物的需求，添加钙、镁、硫等中量元素。

二、水肥一体化技术及其在农业生产实践中的应用

（一）水肥一体化技术的概念及其发展历程

1. 水肥一体化技术的概念

水肥一体化是一项综合的现代农业生产技术，可同步控制植物水分供给和肥料施用。即通过借助压力系统，将可溶性肥料按作物种类和生长的需肥规律配成的肥液，随灌溉水通过可控管道系统向植物供水、供肥。亦被称为水肥耦合、管道施肥、加肥灌溉、随水施肥等。与传统的灌溉和施肥措施相比，水肥一体化技术具有显著的优点：省水、省肥、省时，降低农业成本；降低病虫害发生概率，保证农作物品质和产量；减少环境污染；改善土壤微环境，提高微量元素使用效率等。因此，水肥一体化技术是现代农业健康科学发展的有力保障。

2. 水肥一体化技术的发展历史

国外水肥一体化技术的发展历程。水肥一体化技术的发展可以追溯到早期的实验室水培研究。20 世纪初期以后，温室工业逐渐利用营养液栽培技术以取代传统的土壤栽培，利用砂、蛭石、锯木屑等惰性介质作为固体基质，将植物种植在含其必需营养元素的营养液中，这使得作物种植突破了空间的限制。20 世纪 80 年代后，水培技术进一步商业化。在欧美各国、非洲地区、中东地区等地已有大量的家庭式无土栽培装置。尽管无土栽培技术可以突破空间的限制，具有节水、清洁卫生、便于管理等各种优点，但是田间的常规土培种植依然是现代农业的主力。因此进入 20 世纪中期后，世界各国在田间种植中开始进行灌溉施肥。美国从 20 世纪 50 年代开始在田间种植中实施灌溉施肥，但最初的规模很小，并与地面灌溉、漫灌和沟灌结合使用。由于这些灌溉技术的水分利用效率较低，从而导致肥料的利用率也很低，且易造成化肥对环境的污染。此后，随着波涌灌等能较精确控制水分供应的设备的研发和使用，地面灌溉的肥料利用率大幅度提高。进入 20 世纪 60 年代，以色列开始普及水肥一体化灌溉技术。根据灌溉设备的不同，水肥一体化技术可以分为喷灌和微灌。其中滴灌是应用最早的微灌技术，也是目前应用最广泛且最节水的灌溉技术。经过不断尝试和改进后，设计出了用于滴灌的软管，20 世纪 60 年代发明了最初的滴灌设备。

中国水肥一体化技术的发展历程。中国水肥一体化技术的应用和发展相比发达国家要晚近 20 年，根据其发展过程，可分为三个阶段。第一阶段，20 世纪 70 年代引入滴灌设备

以来，我国的水肥一体化技术经历了引进滴灌设备、消化吸收、设备研制和应用试验及试点阶段；第二阶段，设备产品改进和应用试验研究与扩大试点推广阶段；第三阶段，引进国外先进工艺技术，高起点开发研制微灌设备产品。此后，我国的微灌技术得到长足发展，应用范围不断扩大，目前已在苹果、柑橘、香蕉、茶叶、棉花、马铃薯等作物种植中大面积应用并取得了良好的效果。随着现代科学技术的发展，为设计出适应于不同地形和作物的灌溉设备提供了可能，随着施肥设备的发展，施肥量的控制越来越精确。另外，政府在技术研发和财政补贴方面逐步出台各项政策，鼓励水肥一体化技术的应用。因此，发展水肥一体化技术在我国有着广阔的前景，这项技术的大规模推广应用，将从根本上改变我国传统的农业用水方式，大幅度提高水资源和肥料利用率，促进生态环境保护的建设，为提高农业综合生产力和保证国家粮食安全提供有力保障。

（二）水肥一体化技术在作物生产中应用的技术要点

水肥一体化技术具有省水省肥省工、提高水肥利用率、增加作物产量、提高作物品质、减少环境污染等诸多优势，是现代农业健康科学发展的重要保障。但同时存在前期投入成本高、技术要求复杂等特点，尤其在果蔬类作物种植中，因其种类繁多、生长环境不同，水肥要求各异，所以应正确应用水肥一体化技术，以达到节本增效的目的。以下将从灌水设备、施肥模式和肥料选择三个方面阐述水肥一体化技术应用中的技术要点。

1. 灌水设备

技术发展成熟且大面积推广应用的节水灌溉设备依据水的输出方式，主要分为喷灌和微灌。

（1）喷灌

喷灌是利用喷头，将通过专用管道设备运输至田间的水喷射到孔中，形成细小水滴，洒落到土壤表面和作物表面以供给植物所需水分的灌溉方式。喷灌技术是目前节水效果显著、作物增产明显、投资相对较低、易于推广的节水灌溉技术。一套完整的喷灌系统的设备构成包括：①水源。河流、湖泊、水库和井泉等均可以作为喷灌的水源。②水泵及配套动力机。喷灌需要使用具有一定压力的水才能进行喷洒，通常是用水泵将水提取、增压，输送到各级管道及各个喷头中，并通过喷头喷洒出来。③输水管道系统及配件。一般包括干管、支管和竖管，其作用是将水输送并分配到田间喷头中，此外还需闸阀、三通、弯头等附件。④喷头及其附属设备。这些设备是喷灌系统中的关键设备，由输水管道运送的水分最终通过喷头喷射至空中。⑤田间工程。对于移动式喷灌机需要在田间修建水渠等相应的附属建筑物，将灌溉水从水源引至田间，以满足喷灌的要求。与其他节水灌溉设备相比，喷灌技术的突出优势在于其对各种地形适应性强，受地形条件的限制小，可用于各种类型的土壤和作物。

由于喷灌灌水的均匀度与地形和土壤透水性无关，因此在地形坡度很陡或者土壤透水性很大难于采用地面灌水方法的地方均可采用喷灌。因此喷灌技术的应用范围广泛，在地形上，既适用于平原地区，也适用于山丘地区；在土质上，既适用于透水性大的土壤，也适用于入渗率低的土壤。但是喷灌灌溉存在以下缺点：①灌溉的均匀度和喷洒效果会受到风力的影响。②表层土壤润湿充分，深层土壤润湿不足。③有空中损失。

综合上述优缺点，在下述情况下采用喷灌系统可达到更好的效果。第一，浅根系作物；第二，坡度大或者地形起伏明显的区域；第三，需要调节田间微气候的作物，包括防干热风或者霜冻；第四，少风地区或者灌溉季节风力小。

（2）微灌

微灌是微润灌溉技术的简称，是按照作物的营养需求，通过管道系统与系统末端（田间）的灌水器，在管内外水势梯度差驱动下，将水分以较小的流量，均匀持续地输送至作物根系附近土壤的灌溉技术。滴灌是最早应用的微灌技术，随着科技的发展，微灌方式已不再是单一的滴灌方式，而是逐渐发展出滴灌、微喷灌、涌泉灌等多种方式。一套完整的微灌系统的组成部分通常包括：①水源。江河、湖泊、水库、沟渠和井泉等均可作为微灌的水源。②首部枢纽。包括水泵、过滤设备、动力机、肥料注入设备、控制器等。③输水管网。包括干管、支管和毛管三级管道，其中干管连接水源，毛管安装或连接灌水器。④灌水器。在田间直接施水的设备，其作用是消减压力，将管道中的水流变为水滴（滴灌）、细流（涌泉灌）或者喷洒状（微喷灌）的状态输入作物根系附近土壤。喷灌技术通常可节水60%以上，与之相比微灌技术的节水率更高，一般可达80%~85%。此外，与喷灌相比，微灌技术的耗能更低，因其工作压力低，所需水量少，相应地降低了抽水的能量消耗。但是微灌设备在实际推广应用中存在以下问题：第一，初期投资高；第二，为达到少量持续的灌溉目的，微灌系统的灌水器出口通常很小，易发生堵塞，因此对管道系统的过滤器要求高，并且需定期清理和维护，同时对水源的水质有较高的要求。因此微灌技术应用的主要对象为具有高经济效益的作物及严重干旱缺水的集雨农业地区农户小面积的作物种植等。喷灌技术和微灌技术均是节水效率较高的灌溉技术，各有其优缺点，在实际应用中，需从作物种植种类、地形、土壤、水源和地区经济状况等方面选择适用的灌溉技术，以达到节本增产、提高农业综合生产能力的目的。

2. 施肥模式

根据其工作原理和方法，水肥一体化技术中配套的施肥模式可分为以下 5 种类型。

（1）压差式施肥

又称旁通施肥罐法，所用到的主要设备是施肥罐，工作原理是在输水管道上某处设置旁管和节制阀，使得一部分水流流入施肥罐，进入施肥罐的水流溶解罐中肥料后，溶解了肥料的水溶液重新回到输入管道系统，将肥料带到作物根系。因其具有操作简单、可直接使用固体肥料、无须预配肥料母液、无须外部能耗等优点，应用十分广泛。但该方法的最大缺点是无法精准控制施肥浓度和速率，肥料溶液浓度随施肥时间逐渐降低。研究表明，随着施肥罐压差的增大，施肥罐出口肥料浓度降低十分迅速，如施肥罐压差为 0.5 MPa 时，肥料相对浓度从 100%降至 0 经历约 20 分钟，而施肥罐压差为 3 MPa 时，该时间小于 10 min。

（2）重力自压式施肥法

该方法适用于应用重力灌溉的场合，如具有自然地形落差的丘陵山地果园等。其工作原理是在灌溉蓄水池处建立高于水池液面的肥料池，池底安装肥液流出管道，利用肥液自身重力流入灌溉蓄水池。该方法的优点：可控制施肥浓度和速度，肥料池造价低，无须外部能耗。缺点：因肥料溶液是先进入蓄水池，而蓄水池通常体积很大，故而灌溉后很难清洗干净剩余肥料，重新蓄水后易滋生藻类、苔藓等植物，有堵塞管道的隐患。

（3）吸入式注肥

又称泵吸施肥法，是通过离心泵产生负压将可溶性肥料吸入灌溉系统，适于任何面积的施肥。吸入式注肥的优点：操作简单，易于安装；与灌溉系统共用离心泵，无须外加动力，适宜施用固体可溶性肥料和定量施肥。缺点：肥液浓度不稳定，难以进行配方施肥和自动化控制，对部件连接要求高，施肥容量有限等。该方法在水压恒定时可实现按比例施肥。

（4）注入式施肥

又称泵注肥法或主动式注肥，利用注肥泵将肥料母液注入灌溉系统。注肥泵可由电力或者水力驱动，注入口可在输水管道的任何位置，但要求注入肥液的压力大于管道内水流压力。注入式施肥法的优点：注肥速度可调，适用于各种不同肥料配方，既可实现比例施肥又可定量施肥。缺点：运行需要满足最小系统压力，需有正确设计和辅助配件，必须进行日常维护，前期投入成本高。

（5）文丘里施肥器

它是一种特殊的施肥设备，利用文丘里装置在管道内产生真空吸力，将肥料溶液从肥料管吸取至灌溉系统。文丘里施肥器可实现按比例施肥，保持恒定的养分浓度，该法无须外部能耗，此外还具有吸肥量范围大、安装简易、方便移动等优点，在灌溉施肥中的应用十分广泛。

3. 肥料选择

应用于水肥一体化技术的肥料选择需遵循下列原则：

（1）依据作物需肥规律

不同作物对于养分有不同的偏好，如香蕉生长过程中需求量最大的 4 种养分依次为钾、氮、钙、镁，葡萄对氮、磷、钾的需求为 1∶0.5∶1.2。此外，植物在生长过程的不同阶段对养分的需求也不同，如苹果树在不同年龄时期对养分的需求不同，在幼龄期需肥量较少，但对肥料非常敏感，对磷肥需求最高；在初果期（营养生长向生殖生长转化的时期），依然是以磷肥为主；盛果期根据产量和树势适当调节氮磷钾比例，同时要注意微量元素的施用；更新期和衰老期则需偏施氮肥，以延长盛果期。

（2）依据田间土壤肥力水平及目标产量

在了解作物需肥规律的基础上，根据田间土壤的肥力水平和目标产量，才能精确计算作物生长过程中需要添加的外源性肥料的量。

（3）分析灌溉水的成分及 pH，了解肥料之间的化学作用

某些肥料会影响水的 pH，如硝酸铵、硫酸铵、磷酸二氢钾等会降低水的 pH，而磷酸氢二钾会增加水的 pH，而高 pH 会增加水中碳酸根离子和钙镁离子产生沉淀的可能，从而造成灌水器堵塞。为防止管道堵塞，还需考虑肥料的溶解度和杂质含量，以及不同肥料间是否会发生沉淀反应。

第三节　海藻肥与缓释氮肥

一、海藻肥

（一）海藻肥的成分

海藻肥是一种使用海洋褐藻类生产加工或者是再配上一定数量的氮、磷、钾以及中量、微量元素加工出来的肥料。目前有多种形态，市场上主要是以液体与粉末为主，很少一部分是颗粒状态。海洋褐藻含有很多种生物活性物质，海藻及海藻植物生长调节剂（以

下简称 SWC）中已被研究的主要活性物质有以下几种：

1. 细胞激动素

细胞激动素属于细胞分裂素，是一类具有生理活性的嘌呤衍生物。昆布等褐藻和沙菜等红藻中的内源细胞激动素的含量及其作为植物生长调节物质的作用，海藻中含有玉米素、二氢玉米素、异戊烯腺苷嘌呤和玉米素核苷等细胞激动素。

2. 生长素

研究表明，生长素有刺激作物根系发育和抗寒的作用。扦插植物时用它处理后可大大提高存活率。最普通的植物生长素是吲哚乙酸。许多海藻本身都含有植物生长素和类植物生长素。

3. 赤霉素

赤霉素有促进植物发芽、生长、开花和结果的作用。早在 20 世纪 60 年代，科学家就发现海藻中含有赤霉素类似物。生物检测发现昆布属和浒苔属的海藻有赤霉素活性，并发现存在至少两种赤霉素。虽然发现多种海藻都含有赤霉素类似物，但由于海藻中的赤霉素在加工过程中被破坏的原因，在其商业（SWC）产品中的含量至今未被明确检测出来。新鲜制备的商业 SWC 产品发现有赤霉素的活性，使用莴苣下胚轴生物检测法测定 SWC 中的赤霉素活性是 0.03～18.4 mg/L，矮态米微滴生物检测法测定的活性量是 0.05 mg/L。

4. 脱落酸

脱落酸也称离层酸，是一种植物生长抑制剂，可促使植物离层细胞成熟从而引起器官脱落。脱落酸与赤霉素有拮抗作用。

5. 乙烯

乙烯在植物生长中的作用是降低生长速度，促使果实早熟。

6. 甜菜碱

甜菜碱是一种氨基酸或亚氨基酸的衍生物，在浓度很低的情况下可大大提高植物叶绿素的含量。20 世纪 80 年代首次发现海藻中含有甜菜碱。海藻中不仅含有细胞激动素，还含有类似细胞激动素性质的物质。目前在海藻中发现了多种甜菜碱，大部分是甘氨酸甜菜碱、丙氨酸甜菜碱、氨基丁酸甜菜碱等，其含量范围分别为：甘氨酸甜菜碱的含量为2.3～35.9 mg/L，氨基丁酸甜菜碱的含量为 5.4～15.4 mg/L，6-氨基戊酸甜菜碱的含量为 3.7～11.6 mg/L。

7. **多胺**

多胺是一组作用类似于植物生长素的化合物，按分类学不属于植物激动素，但多胺可以广泛地影响植物生理生长过程，所以SWC产品中的这些化合物引起了人们的重视。

（二）海藻肥的作用机制

海藻是海洋有机物的原始生产者，具有强大的吸附能力，可以浓缩相当于自身44万倍的海洋物质，营养极其丰富均衡。

海藻肥料是以海洋植物海藻作为主要原料，经科学加工制成的生物肥料，主要成分是从海藻中提取的有利于植物生长发育的天然生物活性物质和海藻从海洋中吸收并富集在体内的矿质营养元素。包括海藻多糖、酚类多聚化合物、甘露醇、甜菜碱、植物生长调节物质（细胞分裂素、赤霉素、生长素和脱落酸等）和氮、磷、钾，以及铁、硼、钼、碘等微量元素。此外，为增加肥效和肥料的螯合作用，还溶入了适量的腐殖酸和适量微量元素。

（三）海藻肥的发展历史及应用技术

海藻肥是叶面肥的一个分支，是从叶面肥发展而来的。随着草坪养护水准的不断提高，根外追肥凭借迅速供给养分、避免养分被土壤吸附固定、提高肥料利用率的优势，越来越受到草坪养护者的青睐。特别是在逆境条件下，根部吸收功能受到阻碍，叶面施肥常能发挥特殊的效果。因此，叶面肥在经历了多年的长足发展后，从品种开发、使用技术、应用范围都获得很大进步。在众多的叶面肥品种中，海藻酸类叶面肥近年来以其安全高效、有机环保的品质，迅速受到高尔夫草坪养护者们的青睐。

海藻酸类叶面肥于20世纪40年代生产问世，是集营养成分、抗生物质、植物激素于一体的新型肥料。它经过特殊生化工艺处理，从天然海藻中有效地提取出精华物质，极大地保留了天然活性组分，含有大量的非含氮有机物，陆生植物无法比拟的钾、钙、镁、铁、锌等各种矿物质元素和丰富的维生素，特别是富含海藻中所特有的海藻多糖、藻朊酸、高度不饱和脂肪酸和多种天然植物生长调节剂。因此，海藻液体肥是一种新型多功能的液体肥料。

应用于高尔夫球场草坪叶面肥的品种种类就有：大量元素类、微量元素类、腐殖酸类、氨基酸类、海藻酸类、其他有机物降解产物类等。为了更好地提高海藻肥的利用率，还应掌握以下技术要点：

1. 喷施浓度要合适

在一定浓度范围内，养分进入叶片的速度和数量随溶液浓度的增加而增加，但浓度过高容易发生肥害，尤其是微量元素肥料，一般大中量元素（氮、磷、钾、钙、镁、硫）使用浓度在500~600倍，微量元素铁、锰、锌的使用浓度在500~1 000倍。

2. 喷施时间要适宜

叶面施肥时，湿润时间越长，叶片吸收养分越多，效果越好。一般情况下保持叶片湿润时间在30~60 min为宜，因此叶面施肥最好在傍晚无风的天气进行；在有露水的早晨喷肥，会降低溶液的浓度，影响施肥的效果。雨天或雨前也不能进行叶面追肥，因为养分易被淋失，达不到应有的效果。若喷后3 h遇雨，待晴天时补喷一次，但浓度要适当降低。

3. 喷施要均匀、细致、周到

叶面施肥要求雾滴细小，喷施均匀，尤其要注意喷洒生长旺盛的上部叶片和叶的背面。

4. 喷施次数不应过少，应有间隔

作物叶面追肥的浓度一般都较低，每次的吸收量是很少的，与作物的需求量相比要低得多。因此，叶面施肥的次数一般不应少于2~3次，同时间隔期至少应在1周以上。

5. 叶面肥混用要得当

叶面追肥时，将两种或两种以上的叶面肥合理混用，可节省喷洒时间和用工，其增产效果也会更加显著。但肥料混合后必须无不良反应或不降低肥效，否则达不到混用目的。另外，肥料混合时要注意溶液的浓度和酸碱度，一般情况下溶液pH在7左右，中性条件下利于叶部吸收。

6. 在肥液中添加湿润剂

作物叶片上都有一层厚薄不一的角质层，溶液渗透比较困难。为此，可在叶肥溶液中加入适量的湿润剂、表面活化剂，增加表面张力，增加与叶片的接触面积，提高叶面追肥的效果。

二、缓控释氮肥

缓控释肥料是一种通过各种调控机制使肥料养分最初释放延缓，延长植物对其有效养分吸收利用的有效期，使养分按照设定的释放率和释放期缓慢或控制释放的肥料，具有提高化肥利用率、减少使用量与施肥次数、降低生产成本、减少环境污染、提高农作物产品

品质等优点，使用量较大时，也不会出现烧苗、徒长、倒伏等现象。目前，缓控释肥料的研制开发主要是缓控释氮肥，又以缓释氮肥为主。

（一）化学合成的有机长效氮肥

化学合成的有机长效氮肥主要包括尿素甲醛缩合物、尿素乙醛缩合物以及少数酰胺类化合物。

1. 尿素甲醛

简称脲甲醛，是以尿素为基体加入一定量的甲醛经催化剂催化合成的一系列直链化合物。

脲甲醛的主要成分为直链甲醛的聚合物，含尿素分子2~6个，为白色粒状或粉状的无臭固体，其成分依尿素与甲醛的摩尔比、催化剂及反应条件而定。脲甲醛的溶解度与直链长短有关，一般短链聚合物较长链聚合物溶解度大，不同链长聚合物的适当比例决定着其施入土壤后的溶解、释放速率。

脲甲醛施入土壤后，虽然可能有一部分化学分解作用，但主要是依靠微生物分解释放，不易淋溶损失。

脲甲醛水解产物为尿素与甲醛，尿素继续水解为氨、二氧化碳等供作物吸收利用，而甲醛则留在土壤中，在它未挥发或分解之前，对作物和微生物生长均有副作用。脲甲醛施入土壤后矿化速率与尿素和甲醛的摩尔比、活度指数、土壤温度、土壤 pH 以及影响微生物活动的其他条件有关。

2. 脲乙醛

脲乙醛，又名丁烯叉二脲，由乙醛缩合为丁烯叉醛，在酸性条件下再与尿素结合而成。脲乙醛为白色粉状物，含氮量为28%~32%，熔点为259 ℃~260 ℃。该肥料产品在土壤中的溶解与温度及酸度密切相关。随着土壤温度的升高和土壤溶液酸度的增加，其溶解度增大。20 ℃时在水中的溶解度为0.06 g/100 g，而在3%硫酸溶液中溶解度为4.3 g/100 g。因此，脲乙醛在酸性土壤上的供肥速率大于在碱性土壤上的供肥速率，脲乙醛在土壤中分解的最终产物是尿素和羟基丁醛，尿素进一步水解或直接被植物吸收利用，而β-羟基丁醛则被土壤微生物氧化分解成二氧化碳和水，并无残毒。

3. 脲异丁醛

脲异丁醛，又名异丁叉二脲，是尿素与异丁醛缩合的产物。脲异丁醛肥料为白色颗粒状或粉状，含氮率在31%左右，不吸湿，水溶性很低。在室温下，100 g 水的溶出物中只含有 0.01～0.1 g 氮。在土壤中，则较容易在微生物作用下水解为尿素和异丁醛，环境中较高的温度和较低的 pH 有利于这种水解作用。脲异丁醛具有如下优点：①水解产物异丁醛易分解，无残毒；②生产脲异丁醛的重要原料异丁醛是生产 2-乙基己醇的副产品，廉价易得；③脲异丁醛是脲醛缩合物中对水稻最好的氮肥品种，其肥效相当于等氮量水溶性氮肥的 104%～125%，热水不溶性氮仅 0.9%，其利用率比脲甲醛大 1 倍；④施用方法灵活，可单独施用，也可作为混合肥料或复合肥料的组成成分。可以按任何比例与过磷酸钙、熔融磷酸镁、磷酸氢二铵、尿素、氯化钾等肥料混合施用。

4. 草酰胺

草酰胺，过去是用草酸与酰胺进行合成，成本太高。现在以塑料工业的副产品氰酸做原料，用硝酸铜做接触剂，在常压低温（50～80 ℃）下直接合成，成本较低，成品纯度可达到 99%。草酰胺肥料产品呈白色粉状或粒状，含氮率为 31%左右。室温下，100 g 水中约能溶解 0.02 g 草酰胺，但一旦施入土壤，草酰胺则较易水解生成草胺酸和草酸，同时释放出氢氧化铵。草酰胺对玉米的肥效与硝酸铵相似，呈粒状时养分释放减慢，但快于脲醛肥料。

（二）包膜缓释氮肥

包膜缓释氮肥是指以降低氮肥溶解性能和控制养分释放速率为主要目的，在其颗粒表面包上一层或数层半透性或难溶性的其他薄层物质而制成的肥料，如硫黄包膜尿素等。常采用的包膜材料有硫黄、树脂、聚乙烯、石蜡、沥青、油脂、磷矿粉、钙镁磷肥等。包膜肥料制造方法简单，比较成熟的产品主要有硫衣尿素、塑料胶膜包衣硝铵、沥青石蜡包衣碳铵、钙镁磷肥包衣碳铵等。包膜肥料主要是通过膜孔扩散、包膜逐渐分解以及水分透过包膜进入膜内膨胀使包膜破裂等过程释放出养分。

1. 硫包尿素

硫黄包膜尿素，简称硫包尿素。包膜的主要成分除硫黄粉外，还有胶结剂和杀菌剂。在硫包膜过程中胶结剂对密封裂缝和细孔是必需的，而杀菌剂则是为了防止包膜物质过快地被微生物分解而降低包膜缓释作用。硫包尿素的含氮率范围在 10%～37%。取决于硫膜的厚度，一般通过调节硫膜的厚度可改变其氮素释放速率。硫包尿素只有在微生物的作用下，使包膜中硫逐步氧化，颗粒分解而释放氮素。

硫包膜尿素肥料中氮的释放速率与土壤中微生物的活性有较密切的关系，凡是对微生物活性有影响的因素均会对该肥料的释放速率产生影响。其中温度是一个比较活跃的因子，较高的土壤温度，有利于加快硫包尿素的供氮速率。

由于硫氧化后可形成硫酸，硫包尿素作为盐渍化土壤上的氮素来源是有益的，它可以在阻止盐渍土脱盐过程中 pH 升高方面起积极的作用。

2. 长效碳酸氢铵

简称长效碳铵。在碳铵粒肥表面包上一层钙镁磷肥，在酸性介质中钙镁磷肥与碳铵粒肥表面起作用，形成灰黑色的磷酸镁铵包膜，这样既阻止了碳铵的挥发，又控制了氮的释放，延长肥效。包膜物质还能向作物提供磷、镁、钙等营养元素。由于长效碳铵物理性状的改良，使其便于机械化施肥。制造长效碳铵的工艺流程是：将碳铵粉与白云石熟粉掺混→用对辊式造粒机压制粒肥→将粒肥滚磨刨去棱角→粒肥表面酸化→酸化粒肥成膜→封面→扑粉→制得黑色核形颗粒状成品。如生产含碳铵 73%、白云石熟粉 4%、水分 3%，膜壳 20%的长效碳铵，其养分含量为氮 11%~12%、全磷 1.0%~1.5%。由于膜壳致密、坚硬，不溶于水而溶于弱酸，这样就使得长效碳铵在作物根际释放较快，而在根外土壤中释放较慢成为可能。长效碳铵主要是气态从膜内逸出，因此封面量、温度以及淹水等条件都会影响长效碳铵的释放速率。封面料用量多，释放慢；温度升高，释放速率增大；在淹水土壤中比旱地土壤中释放慢。

3. 涂层尿素

除了硫黄包膜尿素、塑料包膜氮肥、长效碳铵等包膜长效氮肥外，又研制成一种高效涂层氮肥，即在尿素颗粒表面喷涂含有少量氮、钾、镁及微量元素的混合液，使尿素的释放速率减慢。高效涂层氮肥呈黄色小粒状，与普通尿素相比，具有释放氮素平稳、肥效稳长、氮肥利用率较高等特点。

4. 长效尿素

长效尿素是在普通尿素生产过程中添加一定比例的脲酶抑制剂制成的。其主要特点是减缓尿素分解速度，延长尿素的肥效期，减少氮素损失，提高氮肥利用率。与普通尿素相比，有增产、节肥、省工的优点。长效尿素为浅褐色或棕色颗粒，含氮 46%。肥效期长，可达 100~130 天，做基肥或种肥一次施入，不必追肥。长效尿素施于土壤后，由于春季土壤温度较低，土壤脲酶活性较弱，并有抑制剂的作用，使长效尿素分解速度缓慢，生成的氮量较少，而作物幼苗需肥量也少；随着气温升高，土壤温度也增高，土壤中脲酶活性也随之增强，抑制剂的作用也逐渐减弱，长效尿素分解速度加快，生成的氨量增加。与此同时，作物生长也进入旺季，需肥量加大。因此，长效尿素的供氮过程与作物需肥规律基本趋于同步，使作物生长前期不过肥，中期不疯长，后期不脱肥，为作物增产创造了良好条件。施用长效尿素比同量的普通尿素增产5%~8%，氮肥利用率提高6%~16%。

5. 长效复合（混）肥

长效复混肥是利用抑制剂与活化剂相结合的技术路线，解决了肥料生产中存在的有效期短、利用率低及高效果并行高价位的问题，使长效复混肥的效果与价位双项达到农业生产可接受的新型复合肥。其主要特点如下：

（1）肥效期长，具有一定可控性

长效复混肥的供给养分有效期可达110~120天，可以满足绝大多数农作物全生育期对养分的需求。并且有效期的长短在50~120天内可调整，可以根据作物及地域的要求进行调整。

（2）养分利用率高

长效复混肥由于采用了控制释放与保护有效性相结合的技术体系，使新型的长效肥的养分释放与作物生长需求相协调，因而提高了利用率，平均养分利用率可达42%~45%。其中氮素利用率达40%~50%，磷利用率25%~30%，平均比普通复合肥利用率提高12%~15%。养分利用率的提高，是肥料表现出高效率的根本原因，同时也是为各个环节带来利润的源泉。

（3）增产幅度大，作物活秆成熟

长效复混肥在农作物上应用的增产效果明显。田间试验结果显示不同作物增产幅度如下：玉米6%~19.9%，水稻8.35%~21.0%，小麦（春）6.7%~15.3%，冬小麦3%~10%，棉花18.4%~32%，苹果13.5%~23.4%，黄瓜9%~13.3%，甘蔗10.9%~17.5%。由于本技术使肥料中氮素营养在保持高水平的同时还保持了增铵营养的条件，为作物吸收和同化提供了优势条件，作物长势旺盛。

（4）制造的工艺简单

长效复混肥的生产可以在原复混肥的造粒生产线上进行，不需增加新的附属设备，因此对于由普通复混肥生产线改为生产长效复混肥时无须增加设备和投资。这一技术可以用于圆盘造粒、滚筒造粒、高塔造粒等生产工艺。

（5）肥料的物理性状好

长效复混肥生产中所加入的添加剂中配有部分具有防结块作用的成分，因此生产出的肥料物理性状良好，所加入的添加剂不影响肥料的物理性状，专用型号可以取替防结剂。

（6）大幅度降低环境污染

传统包膜肥料的外壳为热固或热塑性树脂材料，占肥料总量的12%~15%，约30年才可以在土壤中分解，造成累积污染，而本产品其在土壤中的分解期为 2~3 年，并且用量少（是包膜材料的 6%~7%），因此，不仅通过提高利用率降低了硝酸根、亚硝酸根及氧化亚氮对水体与大气的污染，同时避免了包膜材料的二次污染问题。

6. **塑料包膜氮肥**

由于合成长效肥料一般成本较高，一些国家正在大力研究用合成塑料（聚乙烯、醋酸乙烯酯等）包膜长效氮肥，以减缓水溶性氮肥进入土壤溶液的速率。用塑料包膜的氮肥主要有尿素、硝铵、硫铵等。采用特殊工艺可以使包膜上含有一定大小与数量的细孔，这些细孔具有微弱而适度的透水能力。当土壤温度升高、水分增多时，肥料将逐渐向作物释放氮素。塑料包膜肥料不会结块也不会散开，可以与种子同时进入土壤，这将在很大程度上节省劳力。根据不同土壤、气候条件和作物营养阶段特性控制包膜的厚度或选择不同包膜厚度肥料的组合，即可较好地满足整个作物生长期的氮素养分供应。

参考文献

[1] 孟金贵. 农作物栽培技术［M］. 北京：中国商业出版社，2018.

[2] 罗亚芸. 农作物栽培技术［M］. 兰州：甘肃科学技术出版社，2018.

[3] 胡伟. 作物栽培与耕作［M］. 北京：北京邮电大学出版社，2018.

[4] 曹宏，马生发. 作物栽培实验实训［M］. 北京：中国农业科学技术出版社，2018.

[5] 李新国. 作物栽培技术［M］. 北京：中国农业科学技术出版社，2018.

[6] 伊克然·巴巴什编著. 作物栽培技术［M］. 奎屯：伊犁人民出版社，2018.

[7] 唐湘如. 作物栽培与生理实验指导［M］. 广州：广东高等教育出版社，2018.

[8] 赵欢庆. 主要农作物栽培新技术［M］. 天津：天津科学技术出版社，2018.

[9] 穰中文. 应用现代生物技术与作物栽培研究［M］. 长春：吉林大学出版社，2018.

[10] 陈德华. 作物栽培学研究实验法［M］. 北京：科学出版社，2018.

[11] 谢立勇. 农业自然资源导论［M］. 北京：中国农业大学出版社，2019.

[12] 刘涛，刘静，吴振美. 农作物秸秆与畜禽粪污资源化综合利用技术［M］. 北京：中国农业科学技术出版社，2019.

[13] 张云霞，袁歆贻. 农作物栽培学［M］. 天津科学技术出版社，2019.

[14] 王子成. 农学综合专业实验指导书［M］. 开封：河南大学出版社，2019.

[15] 牛斌. 中国杂粮研究［M］. 北京：中国农业科学技术出版社，2019.

[16] 徐国伟. 水稻根系对干湿交替灌溉与氮肥耦合的响应及其与氮素利用的关系［M］. 北京：中国农业出版社，2019.

[17] 朱德峰，张玉屏. 稻田现代生产致富之道［M］. 北京：中国科学技术出版社，2019.

[18] 郑艳霞. 土壤与肥料［M］. 北京：中国农业出版社，2019.

[19] 宋志伟，程道全. 肥料质量鉴别［M］. 北京：机械工业出版社，2019.

[20] 赵凤艳，任秀娟. 土壤肥力与肥料［M］. 北京：中国农业出版社，2019.

[21] 金桂秀，李相奎. 北方水稻栽培［M］. 济南：山东科学技术出版社，2019

[22] 许秀成，侯翠红. 地球磷资源流与肥料跨界融合 [M]. 北京：化学工业出版社，2020.

[23] 徐卫红. 有机肥料科学制作与使用 [M]. 北京：化学工业出版社，2020.

[24] 李会合. 果树施肥技术理论与实践 [M]. 天津：天津科学技术出版社，2020.

[25] 樊景胜. 农作物育种与栽培 [M]. 沈阳：辽宁大学出版社，2020.

[26] 李保云，张海林. 农学专业实验指导 [M]. 北京：中国农业大学出版社，2020.

[27] 张宪光，段奕，黄连华. 农用地膜应用与污染防治技术 [M]. 北京：中国农业科学技术出版社，2020.

[28] 张羽，胡志刚. 水稻绿色高产高效技术 [M]. 北京：中国农业科学技术出版社，2020.

[29] 李虎，宫田田，吴晚信. 玉米绿色高产栽培技术 [M]. 北京：中国农业科学技术出版社，2020.

[30] 张文强，陈雅芝，沈爱芳. 小杂粮优质高产栽培技术 [M]. 北京：中国农业科学技术出版社，2020.